华章IT

HZBOOKS | Information Technology

U0332552

计算机视觉增强现实
应用平台开发

深圳中科呼图信息技术有限公司 ◎编著

 机械工业出版社
China Machine Press

图书在版编目（CIP）数据

计算机视觉增强现实应用平台开发 / 深圳中科呼图信息技术有限公司编著 . —北京：机械
工业出版社，2017.8

ISBN 978-7-111-57713-3

I. 计…　II. 深…　III. 计算机视觉－程序设计　IV. TP302.7

中国版本图书馆 CIP 数据核字（2017）第 191556 号

计算机视觉增强现实应用平台开发

出版发行：机械工业出版社（北京市西城区百万庄大街 22 号　邮政编码：100037）

责任编辑：和　静　　　　　　　　　　　　责任校对：李秋荣

印　　刷：北京文昌阁彩色印刷有限责任公司　版　　次：2017 年 9 月第 1 版第 1 次印刷

开　　本：185mm×260mm　1/16　　　　　印　　张：12

书　　号：ISBN 978-7-111-57713-3　　　　定　　价：39.00 元

凡购本书，如有缺页、倒页、脱页，由本社发行部调换

客服热线：（010）88379426　88361066　　　投稿热线：（010）88379604

购书热线：（010）68326294　88379649　68995259　　　读者信箱：hzit@hzbook.com

前行的 AR，增强的世界

从 1966 年增强现实之父萨瑟兰（Ivan Sutherland）开发出第一套增强现实系统，到 1990 年波音员工托马斯·考德尔 (Thomas Caudell) 第一次提出了"增强现实"（Augmented Reality，AR），从佩戴笨重的头戴显示器仅能体验简单的 3D 效果图像，到拿出手机即可玩上风靡全游的 AR 游戏《Pokémon GO》，随着数据采集（包括影像和传感器）技术的成熟、显示端和渲染端技术的突破，AR 也在突飞猛进地发展前行。几十年间，第一次它离我们如此之近。

AR 可以让世界多维化。 AR 把原本在现实世界难以体验到的虚拟信息叠加并应用到真实世界中进行互动，从而大大增强了人们对世界的感知。当我们足不出户就能轻松获取商品的虚拟影像时，仿佛就和去实体店进行购物那样真实；有了 AR 医疗技术的辅助，医生和病人可以获取更精确的信息，对于提高外科手术效率、帮助患者康复有着重要的意义；通过 AR 设备的帮助，还能够降低工业检测和维护的难度，为企业降低成本。在这个增强的世界中，生活和工作将变得更加高效。

AR 应用领域更加广泛。 苹果 CEO 库克曾表示 AR 将代表智能手机的未来，微软推出了全息眼镜 HoloLens 让增强现实变得触手可及，AR 游戏《Pokémon GO》上线一个月就达到了 1 亿 3000 万次的下载量。在国内，AR 吸引了像 BAT 这样的行业巨头关注，很多投资市场也瞄准了这一领域。其实我们身边的一些常用 APP 已经集成了 AR 功能，过年时，上亿人次参与 AR 实景"抢红包"的活动还历历在目。在 AR 应用方面，视频和游戏仍会是目前的核心领域，商业营销和教育培训将会成为下一个 AR 市场的热点。随着 AR 技术的发展，未来 AR 还将应用于医疗保健、房地产、零售和工程军事等更多领域。

AR 需要时间发展但潜力巨大。 目前，整个 AR 市场还处于起步阶段，AR 在实际生活中的应用场景还比较少，相关的硬件和软件还需要进一步开发，AR 的形态、功能以及体验仍有着巨大的发展空间，但不可否认的是：AR 的潜力是巨大的。科幻电影往往是未来世界的预先写照，《阿凡达》里人们已经摆脱了传统电脑操作，使用全息触控面板；《少数派报告》中主角使用 AR 技术投射出已故家人的影像来回忆过去；《钢铁侠》里托尼·斯塔克通过人工智能和增强现实的头盔控制战甲。总有一天，这些场景将变成现实，未来的 AR 一定会让我们大吃一惊。

易观智库分析认为，在 2016 年到 2018 年间将会有大量的 AR 增强现实硬件被推向市场，与此同时 AR 技术也将和电子商务、广告、O2O 等相结合。投资银行 Digi-Capital 则预估，到 2020 年时，增强现实和虚拟现实市场将会达到 1500 亿美元，增强现实将为社会创造更多价值。

AR 拥有光明的前景和未来，越来越多开发者和用户正加入到 AR/VR 的开发行列中。作为国内最早的专业 VR/AR/AI 沉浸计算社区和投资平台 UCCVR 的创始人，我们投资过不少从大学毕业直接创业的优秀团队，他们都有一个共同的特点，就是对于开发游戏或者创造体验的愿望十分强烈，充满热忱和干劲，不论外界压力多大，都始终如一地坚持精品创作。

AR 云端制作平台正好为他们提供了一个制作和开发 AR 的途径方式。本书专注于 AR 云端制作平台的使用介绍，不仅有全面详细的开发教程，并且附有大量实际案例，非常适合创业团队。整本书浅显易懂，对于没有技术类背景的读者也非常适合，希望读者能够从中学到更多 AR 开发的知识，赶上 AR 技术的浪潮，获得成功。

我们拿着笔和纸记录了过去，用鼠标和键盘描绘着当下，在经历了屏幕触控的指尖革命后，一个增强现实和虚拟现实融合的时代即将来临，我们都准备好了吗？

UCCVR 创始人 &CEO 符国新

Preface 前　言

　　增强现实（Augmented Reality）技术，简称 AR 技术，是一种实时计算摄像机捕捉到的现实影像的位置及角度并加上相应虚拟信息（图像、视频、3D 模型等）的技术。这种技术不仅展现了真实世界的信息，而且将虚拟的信息叠加增强在现实世界上。AR 技术被广泛应用于军事、医疗、工业、教育等众多领域；随着 AR 产品种类越来越多样，更多的人想要参与到 DIY AR "视"界中来；AR 云端制作平台应运而生。

　　AR 云端制作平台将制作、管理与查看融合在一起，形成一套简单易学的思维逻辑和创建方式，让每一个使用者都能在五分钟内掌握 AR 的制作方法。本书为平台的使用者提供全面、详细的使用开发教程，并附有大量真实的案例，让读者了解并掌握如何用平台制作和开发 AR。

　　本书一共 7 章：

　　第 1 章简要介绍 AR 云端制作平台的概念、结构和功能原理，第 2 章简要概括了主要制作流程，第 3 章主要介绍 AR 场景制作，第 4 章简要介绍了可使用的素材内容的规范标准，第 5 章重点列举了一些行业案例的制作方法，第 6 章简要介绍了一些 AR 扩展接口标准，第 7 章简单说明了制作平台的一些未来特性规划。

　　本书专注于 AR 云端制作平台的使用介绍，不过多涉及 AR 的技术开发及 SDK 等内容，因此阅读本书无须技术类背景知识，进入制作平台、按照教程的讲解开始学习制作即可。

　　在编写本书的过程中，我们得到了 DarSeek Innovation Limited 等的技术支持和宝贵意见，在此表示衷心的感谢。

　　如果本书能为你的学习或工作带来帮助和提升，将是我们莫大的荣幸。真诚希望本书的读者在 AR 云端制作平台上创造出更多有趣、有意义的 AR 内容，并推荐给平台的所有用户体验。在阅读本书的过程中若有疑问，欢迎加入本书的 QQ 群，我们会在群里提供本书的所有资源和相关工具，也希望本书的读者能给我们提供更多的反馈和意见，帮助我们取得更大的进步，QQ 群号为：465132969。

目　录 *Contents*

序

前言

第1章　AR 云端制作平台简介 ·· 1

1.1　什么是 AR 云端制作平台 ··· 1

1.1.1　云端平台的组成结构 ··· 1

1.1.2　云端平台与离线模式 ··· 3

1.2　术语解释 ··· 4

1.2.1　识别信息 ··· 4

1.2.2　场景 ··· 4

1.2.3　项目 ··· 4

1.2.4　项目默认场景 ·· 5

1.2.5　本地识别 ··· 6

1.2.6　AR 资源包 ·· 6

1.3　功能原理 ··· 7

1.3.1　制作 ··· 7

1.3.2　管理 ··· 8

1.3.3　内容平台 ··· 8

1.3.4　统计分析 ··· 9

1.3.5　AR 场景查看 ·· 9

1.3.6　识别与追踪 ·· 10

1.4　章后小结 ··· 10

第 2 章　开始体验 ··· 11

2.1　新建项目 ·· 11

2.2　新建场景 ·· 12

　　2.2.1　模板新建 ··· 12

　　2.2.2　编辑器新建 ··· 13

2.3　推荐到 Cloudar 云识别 ··· 15

　　2.3.1　推荐到公共项目 ·· 15

　　2.3.2　查看公共项目 ·· 17

2.4　使用 AR 云端制作平台 APP 查看 ··· 17

　　2.4.1　查看步骤 ··· 17

　　2.4.2　界面说明 ··· 18

2.5　AR 模式功能设置 ·· 19

　　2.5.1　AR 场景模式 ·· 19

　　2.5.2　陀螺仪模式 ··· 20

　　2.5.3　屏幕中心模式 ·· 20

　　2.5.4　设置方法 ··· 21

2.6　章后小结 ·· 22

第 3 章　AR 场景制作 ··· 23

3.1　模板说明 ·· 23

　　3.1.1　图片基础模板 ·· 24

　　3.1.2　视频基础模板 ·· 26

　　3.1.3　透明视频基础模板 ·· 28

　　3.1.4　模型基础模板 ·· 31

3.2　编辑器使用说明 ··· 34

　　3.2.1　创建编辑器场景 ·· 34

　　3.2.2　素材添加与调整 ·· 35

　　3.2.3　交互功能定义 ·· 36

　　3.2.4　保存和再编辑 ·· 37

3.3　音乐 / 全景 / 在线视频 / 图文信息的增加使用 ··························· 37

3.4　动态加载功能 ··· 41

3.5　AR 视频控制功能 ·· 41

3.6　模型动画控制功能 ··· 43

3.7　显示 / 隐藏功能 ··· 45

3.8　自定义动画功能 ··· 45

3.9　手势功能 ··· 47

3.10　图文信息控制功能 ·· 51

3.11　打开网页功能 ·· 53

3.12　音乐控制功能 ·· 55

3.13　全景图控制功能 ·· 56

3.14　在线视频控制功能 ·· 58

3.15　章后小结 ·· 60

第4章　素材规范 ·· 61

4.1　识别图规范 ·· 61

4.1.1　识别图规范小贴士 ·· 61

4.1.2　识别效果不稳定的原因说明 ····································· 61

4.1.3　识别图效果不佳的改进方法 ····································· 62

4.2　素材格式规范 ·· 66

4.2.1　图片 ·· 66

4.2.2　模型 ·· 67

4.2.3　AR 视频 ··· 67

4.2.4　音频 ·· 67

4.2.5　在线视频 ·· 67

4.2.6　透明视频 ·· 67

4.2.7　图文消息 ·· 67

4.2.8　全景图片 ·· 67

4.3　模型处理规范 ·· 68

4.3.1　建模软件 ·· 68

4.3.2　白模制作 ·· 68

4.3.3　材质贴图制作 ··· 73

4.3.4　烘焙贴图 ·· 77

4.3.5　动画制作 ·· 78

4.3.6　动画拆分 ·· 78

　　　4.3.7　模型导出 ……………………………………………………………………… 81

　　　4.3.8　定制特性 ……………………………………………………………………… 82

　4.4　AR 视频处理 ……………………………………………………………………………… 83

　　　4.4.1　视频规格规范 ………………………………………………………………… 83

　　　4.4.2　视频转换须知 ………………………………………………………………… 83

　　　4.4.3　AR 视频与透明视频 …………………………………………………………… 85

　　　4.4.4　透明视频素材制作规范 ……………………………………………………… 87

　　　4.4.5　真人透明视频制作方法 ……………………………………………………… 92

　　　4.4.6　其他视频处理问题 …………………………………………………………… 98

　4.5　章后小结 …………………………………………………………………………………… 99

第 5 章　AR 云端制作平台教程制作实训 …………………………………………………… 100

　5.1　AR 云端制作平台编辑器案例制作 …………………………………………………… 100

　　　5.1.1　电影海报案例 ………………………………………………………………… 101

　　　5.1.2　婚礼卡片案例 ………………………………………………………………… 106

　　　5.1.3　时尚购物案例 ………………………………………………………………… 111

　　　5.1.4　早教卡片案例 ………………………………………………………………… 114

　　　5.1.5　博物馆导览案例 ……………………………………………………………… 116

　　　5.1.6　智慧旅游案例 ………………………………………………………………… 119

　　　5.1.7　儿童娱乐早教案例（陀螺仪模式 + 默认场景识别） ……………………… 131

　　　5.1.8　眼镜试戴案例 ………………………………………………………………… 135

　5.2　高级功能应用说明 ……………………………………………………………………… 138

　　　5.2.1　Unity 模板 ……………………………………………………………………… 138

　　　5.2.2　Unity 模板案例：AR 小恶魔 ………………………………………………… 139

　　　5.2.3　AR 智能眼镜云平台 …………………………………………………………… 148

　　　5.2.4　AR 智能眼镜云平台案例制作 ………………………………………………… 151

　5.3　行业应用案例概述 ……………………………………………………………………… 155

　　　5.3.1　提高销售业绩 ………………………………………………………………… 155

　　　5.3.2　提升品牌知名度 ……………………………………………………………… 157

　　　5.3.3　增强艺术表现力 ……………………………………………………………… 160

　　　5.3.4　变革教育认知方式 …………………………………………………………… 163

　5.4　章后小结 …………………………………………………………………………………… 165

第 6 章 AR 接口扩展···166

6.1 在线 XunAPI 的接口标准 ··166

　6.1.1 什么是在线 XunAPI ···166

　6.1.2 XunAPI 提供的接口 ···166

　6.1.3 XunAPI 的使用方法 ··167

6.2 AR 云端制作平台的接口标准 ····································168

　6.2.1 授权验证···168

　6.2.2 一些请求头说明 ···169

　6.2.3 统一的分页 | 排序 | 过滤搜索功能处理 ·················169

　6.2.4 接口返回值规范 ···170

6.3 项目增删改查接口说明 ··170

　6.3.1 上传项目封面图 ···170

　6.3.2 增加一个项目 ···171

　6.3.3 修改一个项目 ···172

　6.3.4 删除项目···173

　6.3.5 查询项目信息 ···173

　6.3.6 获取自己所有的项目列表 ···································174

6.4 场景增删改查接口说明 ··175

　6.4.1 增加场景···175

　6.4.2 修改场景···175

　6.4.3 删除场景···176

　6.4.4 查询场景···176

6.5 素材信息增删接口说明 ··176

　6.5.1 增加素材···176

　6.5.2 删除素材···178

第 7 章 平台未来特性···179

7.1 开放的编辑器 API 接口 ···179

7.2 实时远程协同模式 ··179

第 1 章 *Chapter 1*

AR 云端制作平台简介

1.1 什么是 AR 云端制作平台

AR 云端制作平台指功能强大、操作简单的增强现实制作平台，利用顶尖的计算机视觉及深度学习技术，为使用者提供全方位的 AR 制作体验和行业 AR 定制项目及解决方案服务。在 AR 云端制作平台上，用户可以 DIY 自己的 AR 内容，并借由相应 APP 将它展示给大众。这意味着，云平台需要强大的承载能力，从展示信息的类型涵盖、到自由编辑功能、再到齐全的管理和数据统计，环环相扣才能保证：无论是 AR 技术的兴趣用户还是 AR 内容定制客户，所有关于 AR 的需求都可以在 AR 云端制作平台上得到满足。

基于"以 AR 创造现实之外的价值"这一设计理念，AR 云端制作平台首次将 AR 应用到职业效率提升领域。依托于自主研发的高度结构化在线图像识别技术底层，配合图像追踪及三维渲染引擎，加上在线的即时三维编辑器和内容管理及互动定义，构建出完整的 AR 在线制作平台，让用户零基础地完成整个 AR 体验制作过程；同时，结合深度学习技术，将用户的实用信息加以收集分析，计算出对用户提升最有价值的内容和使用方式。

更进一步，AR 云端制作平台能够根据行业的个性提供多样化的功能方案，既能有效解决销售和市场推广两大行业痛点，还能在展示和认知方面带来创造性的变革：在全面提升产品附加值、倍数增长销售额、爆发式扩散产品知名度的同时，有效地降低了 AR 技术成本，让 AR 的制作不再完全依赖于开发人员的参与，让企业的想法落到现实。

1.1.1 云端平台的组成结构

AR 云端制作平台由四个大板块构成：可支持多种素材内容的内容平台，将素材内容创建成 AR 场景的制作平台，把制作好的内容呈现出来的展示端，以及为展示端内容提供技术支持的底层算法。这四个板块相辅相成、环环相扣，构建出一个完整的 AR 制作与展示平台，让用户参与到"视"界中。

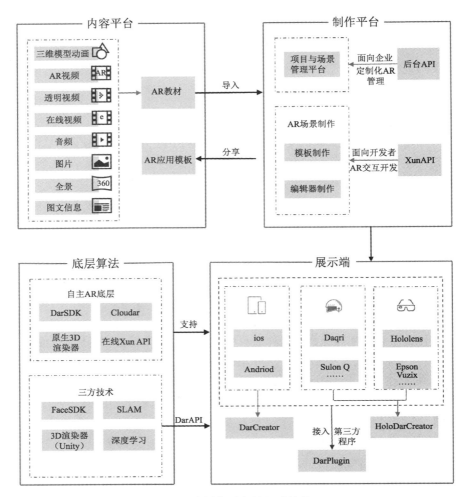

AR 云端制作平台的组成结构

① 内容平台

AR 云端制作平台的内容平台分为素材内容和应用模板两大板块,素材内容包括八种类型:三维模型动画、AR 视频、透明视频、在线视频、音频、图片、全景和图文信息。用户可以通过上传素材至内容平台来为 AR 的制作做准备,也可以在 AR 云端制作平台提供的 Dar 素材库中购买和导入相应的素材。应用模板为 AR 应用(APP)的模板,允许用户(企业用户)购买已完成的整套模板(可简单自定义 UI),将模板内的内容修改为用户的内容,并打包成一个独立的 APP 应用供用户使用。

② 制作平台

制作平台包括项目与场景的管理、AR 场景的制作以及面向不同人群的 API 接口。允许用户将内容平台内的素材导入至模板场景或者编辑器场景中,通过模板或在线的三维编辑器,定义场景的展示内容(相对位置、实时交互等);允许用户在平台上对账号下的项目进行增/删/改/启禁用操作,并为用户提供项目和场景的详细统计数据(扫描次数、收藏次数等），让管理更加直观、高效。API 接口分为面向企业、提供定制化 AR 管理的后台 API 以及面向开发者、提供 AR 交互开发的 XunAPI。

③ 展示端

展示端与制作平台相搭配，经由深度的视觉搜索和图像识别技术，将相应的 AR 内容叠加于现实空间内的匹配位置（识别信息），为用户解锁全新的现实世界。基于专业的底层算法，AR 云端制作平台的展示端类型可分为：搭载于 Mobile 端（iOS/Andriod）的 AR 云端制作平台、搭载于 Helmet 和 Smart Glasses 端的 AR 智能眼镜云平台，以及在此基础上提供给第三方程序的 DarPlugin 功能（两种展示端）。

④ 底层算法

底层算法作为 AR 云端制作平台展示端的技术支持，包括由 AR 云端制作平台团队自主研发的 DarSDK、Cloudar 云识别服务原生 3D 渲染器、XunAPIAR 热更新等，以及由第三方技术提供的 FaceSDK（人脸识别）、SLAM（识别）、Unity3D 渲染器和深度学习技术等。AR 云端制作平台首创性地将各类 AR 核心技术高度模块化，形成了特有的"抽象模组结合"模式，无论是原生底层与 Unity 版本的共存、人脸 /Face 识别和 2D 图像识别的交互，或是 SLAM 技术与云识别的集成，多功能模块都可任意组合，充分兼容所有底层技术和渲染引擎，满足用户对定制化的需求。

1.1.2 云端平台与离线模式

目前市面上的大多数 AR 应用都是以离线 AR APP 的模式独立存在，APP 下的 AR 场景是定量、定内容、非实时更新的，这也意味着：用户每下载一次 APP 都将是买断行为，一次性购买 APP 下的所有内容，（除非应用版本迭代更新，否则）不再获得其他内容的新增或者当前已有 AR 效果的优化和更新。

相对于离线模式的 AR，云端平台能提供更多的可能性：除了极大地增加了可容纳的 AR 数量之外，还支持 AR 的新增、修改、删除等操作，并实时呈现在 APP 上；另外，云端平台支持 Cloudar 云识别的服务，让扫描效率更高。

	云平台	离线AR APP
AR数量	最多无上限	数量确定后无法再增多
识别模式	在线，识别占用流量； 在扫描到识别图后开始加载资源	离线，识别不占用流量； APP内已包含所有资源
动态更新	支持AR的新增、修改、删除等操作，并实时呈现在APP上	无法直接更新APP内的资源内容； 资源的修改更新必须以更新APP为途径
内存占用	小	大
Cloudar识别	添加Cloudar识别，扫描效率更高（须专业账号）	无

除上述特性区别外，AR 云端平台还提供了大量供开发使用的 API 接口，让技术开发者能够自由地定制云端平台功能，包括交互功能的自定义、编辑器功能的自定义、后台平台的自定义等，为企业产品的价值实现提供更深度、全面、可定制化的实现空间。（接口部分将在第 6 章进行具体介绍说明。）

1.2 术语解释

1.2.1 识别信息

识别信息即为 Marker 信息，一般为现实情景下的实物信息。识别时，AR 应用通过图像识别技术查找识别图像上的 Marker 信息，然后在 Marker 信息上叠加虚拟的展示信息（三维模型动画、视频、图片等）。AR 云端制作平台支持的识别信息包括以下两种类型。

① 二维图片：基于平面物体的识别和定位，比如常见的 AR 技术图书或者一张图片，虚拟信息将围绕图片来做定位展示，融入现实世界中。

② 三维物体：基于三维物体的识别和定位，比如实体建筑、模型雕像、人脸/面部等，虚拟信息将围绕建筑、雕像、人脸等的具体位置和轮廓做定位展示，融入现实世界中。

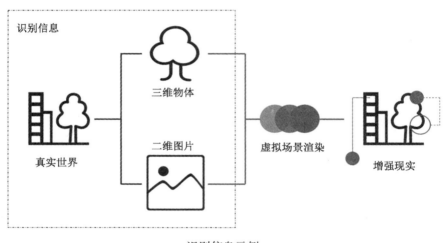

识别信息示例

1.2.2 场景

场景就是一个 AR 单元，包括一个识别信息（二维图片、人脸等）和多个展示信息（图片、视频、模型动画、图文信息等）。场景经由用户在制作平台上传制作，通过展示端的扫描识别来进行展示，也就是俗称的 AR、AR 效果等。

1.2.3 项目

在 AR 云端制作平台中，项目是承载 AR（场景）的唯一组织单元，用户只有拥有了项目才能开始制作自己的 AR 场景。在查看场景的过程中，也需要先一步进入场景所在的项目才能开启场景体验（推荐到公共项目的场景和个人云识别项目除外）。免费账户能创建无限个项目，但场景总上限为 30 个。

我们可以把项目看作一种容器，场景就是容器中的物体，就像手机里相册与照片的包容关系：照片只有通过收纳到相册中才能被看到，而照片上的内容虽然是不一样的，但是唯一允许的格式就是jpg。项目跟场景也是这样，每一个用户的项目数量、项目下的场景数量都是不同的，场景里的识别信息和展示信息也是不同的，但是，场景的构成唯一允许的格式是"识别信息上的展示信息"。

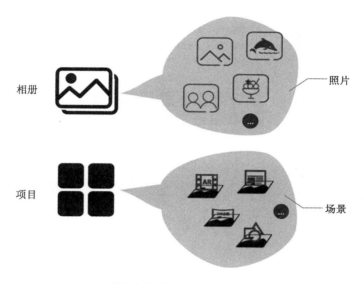

项目与场景的从属关系

1.2.4　项目默认场景

当用户将项目中的一个场景设置为默认场景后，在打开 APP 进入该项目、未扫描识别图之前就可以第一时间体验该场景的 AR 效果，这一功能使不方便扫描识别图的用户也可以体验 AR 效果，开启了项目的无图识别模式，将陀螺仪的便利功能进一步扩大。

设置方法

选择一个项目点击进入，点击右上方"设置默认场景"。

按照提示，选择想要设定的场景，并根据场景素材的类型选择相应的模式，最后设置场景显示的位置，点击确定。

这样，项目的默认场景就设置好了，使用 APP 点击对应项目，不用扫描识别图就可以体验默认场景的内容了。

1.2.5　本地识别

在 APP 中打开项目时，一次性地将项目内的信息（包括所有的识别信息和展示信息）下载至本地文件；识别时，将下载的文件缓存至内存中然后调用数据。一次加载后，识别过程不再受到当前网速的限制；对手机内存的占用较大；单个项目下最多拥有 20 个离线场景。

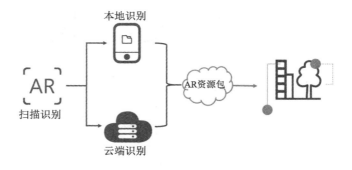

本地识别与云端识别

1.2.6　AR 资源包

一个场景下的所有识别信息和展示信息构成了一个 AR 资源包，当使用本地识别查看 AR 效果时，AR 云端制作平台的 APP 将查询服务器内的资源包数据，并加载 AR 资源包至本地。

1.3　功　能　原　理

1.3.1　制作

　　AR 云端制作平台的制作后台运行在 Web 平台上，不需要下载安装专用平台软件，只要有浏览器和网络，就可以随时打开使用，非常轻便快捷。

　　在平台中，制作 AR 内容主要有两种方式，一是 AR 编辑器，二是 AR 模板。

　　AR 编辑器异常灵活强大。依托于浏览器的 WebGL 技术，可以直接将三维模型呈现出来。在 AR 编辑器中制作的 AR 内容，与实际预览呈现出来的效果相同，即允许用户在编辑器中调整相对位置，以保证最后的视觉效果是符合用户设定的。

　　对于 AR 模板来说，其本质是 AR 编辑器的一种特例，比如图片基础模板，相当于在编辑器中，只增加了一个图片素材对象。从技术上来说，可以非常简单地将模板制作的 AR 场景一步转换为编辑器制作，甚至于可以直接用编辑器来编辑模板制作的 AR 内容（只需将浏览器地址栏里的 id=xxx 改为模板场景的 id 即可）。主要原因在于两者公用平台内部的一套场景数据结构（暂不公开）。AR 模板属于编辑器的子集，自然可以在完全体的编辑器中编辑修改了。

　　使用 AR 模板或 AR 编辑器来制作场景，对于服务器来说，毫无分别，一视同仁。

　　在未来，AR 平台将会推出一套 AR 模板编辑系统，让用户能够自由地生成 AR 模板，经由模板制作的 AR 将AR 编辑器的灵活特性与 AR 模板的高效快速特性结合起来，为实现更为强大的制作功能打下坚实背书。

　　场景数据在用户的编辑制作中逐渐生成，最终保存时，将全部设置数据上传到服务器数据库保存，这就算成功制作了一个 AR 场景内容。

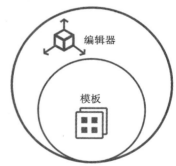

编辑器与模板的关系

AR 场景构成

1.3.2　管理

场景和项目的管理给用户提供了更自由的空间来对 AR 进行操作，在强大的制作功能之外，又拥有方便快捷的删除、修改、启用、禁用等管理功能。

修改场景时，会调用 AR 模板或编辑器进行操作。一般情况下，如果是 AR 模板制作的，就会调用 AR 模板功能；如果是 AR 编辑器制作的，就会打开 AR 编辑器。

场景拥有启用和禁用两种状态，如果禁用一个场景，在 APP 端打开项目时，服务器给予的配置数据中会主动去掉此场景的数据，APP 将识别不了此场景的内容，形成此场景被暂时禁用的状态效果；一旦场景重新被启用，在 APP 内刷新项目，服务器会将此场景的数据添加上，那么该场景又能被识别到了，形成场景的启用状态。

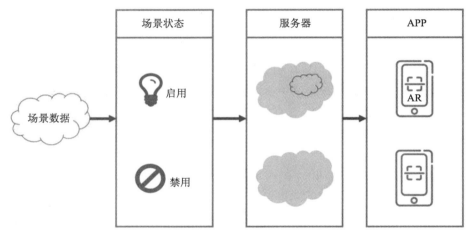

场景的启用与禁用

对于场景和项目的管理，除了可以在 AR 云端制作平台提供的后台进行之外，有开发能力的用户还可以调用平台提供的 RESTful API 接口，自行开发管理平台。

1.3.3　内容平台

AR 云端制作平台提供的内容平台，指承载制作场景时所需文件的素材库。目前平台支持识别图、模型、AR 图片、音频、在线视频、AR 视频、透明视频、图文信息和全景图 9 种文件类型。用户既可以在制作时上传，也可以在素材库中批量上传，以备使用。

内容平台可以支持任意 AR SDK 和渲染器的技术接入。不同的 AR SDK 和渲染器支持的素材格式和规范都不统一，所以内容平台会存储用户上传的原始素材，待 APP 来申请所需 SDK 或渲染器的素材时，通过相应的工具做即时转换，再将转换后的素材返回给 APP 呈现。为了让 APP 更快地加载素材打开项目，内容平台也会在素材上传到服务器时，做一部分素材默认格式的异步转换处理，在 APP 访问时，就可以直接下载，而无须等待转换了。

对于不同素材来说，处理的手段和工具都不一样。

对于模型而言，为了使其可以在 AR 编辑器中呈现，上传到服务器时，就需要将其转换为 WebGL 支持的格式；而其他格式的模型，会通过消息列队，让其异步进行转换，不占用用户上传文件的时间。而对于已上传的旧素材，在将来需要新渲染器支持时，APP 只需要告诉服务器渲染器的名称，只要服务器有对应的处理转换工具，就可以即时转换格式，然后返回给 APP 使用，不需要用户重新上传素材。这样既可以让旧素材支持新渲染器，也可以让新素材支持旧渲染器。

为了加快 APP 下载素材的速度，内容平台启用了 CDN 功能，让全球各地的用户都能去靠近自己所在区域的服务器下载，同时无限增强了内容平台的文件数量承载能力。

1.3.4　统计分析

平台提供了完备的 AR 扫描数据分析功能。通过提供时间和区域两个维度的数据，让用户更详细地掌握制作的 AR 场景被使用的情况。

APP 在每次打开项目和扫描到识别图时，都会向统计服务器发送请求，告知服务器相应的数据信息，服务器会存储这些数据，以备进行大数据分析和用户查询。

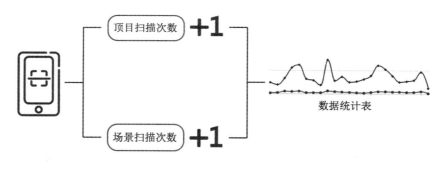

统计分析示例

1.3.5　AR 场景查看

AR 效果的呈现需要 AR SDK 和渲染器的同时支持，AR SDK 进行识别图的扫描和追踪，而渲染器则将三维虚拟物体呈现出来。两者分工合作，才能达到虚拟与现实结合的增强现实效果。

一个 AR 场景内容包含了一张识别图与不限个数（0 个或无限个数）的展示信息。APP 为了能呈现场景，需要去服务器下载场景信息。由于 APP 自身的内存、网络流量与 CPU 容量有限，不可能将平台上所有的场景下载下来呈现，所以一般而言（启用 Cloudar 云识别时除外），APP 都是按项目划分来下载场景呈现。这样也满足了组织分类相同类型场景、排除不需要的场景下载等需求，唯一的缺点是 APP 上面需要多一步打开项目的操作。但是，针对这种情况，平台也提供了云识别的公共项目功能。只要用户将自己制作的场景推荐到公共项目，用户在 APP 上面只需要一步点击操作，就可以扫描呈现自己的场景了。

1.3.6　识别与追踪

为了实现虚拟三维物体紧粘在真实识别图上，又不会随着摄像头抖动而乱动的 AR 效果，程序必须对摄像头中的画面进行实时处理。这个处理分为识别和追踪两个过程。识别是为了找到是哪张识别图，追踪是为了让虚拟三维物体紧粘在识别图上。

识别又可以分为特征点提取、特征点匹配和相似度检测三个步骤。

图像特征点提取是很重要的步骤，这是所有处理的基础。常用的经典算法为尺度不变特征检测（SIFT）算法。通常还需要处理旋转不变性，防止角度变化和方位旋转导致检测不出原图对应的特征点。

之后，需要将从摄像头实时提取的这些特征点和预设的所有识别图进行匹配对比，这就是特征点匹配。需要利用高维特征空间来搜索近似最近邻点，找到可用的识别图。

特征点匹配之后，并不意味着就找到了某张识别图，还需要进行相似度检测，通过检测的图片就是识别到的识别图。

为了实现三维虚拟物体紧粘识别图的效果，就必须实时计算识别图所在的方位，好将模型渲染到相应的空间位置。

1.4　章后小结

本章简要介绍了 AR 云端制作平台的组成结构以及功能原理，旨在帮助读者对 AR 云端制作平台有一个整体、全面的认知。在此基础上，本书将着重开始讲解制作平台的详细使用方法，并附有大量的案例教程来指导读者使用。

巩固训练：

① 什么是 AR 云端平台？它与离线模式有什么区别？

② 什么是场景？什么是项目？场景与项目是什么关系？

③ 识别与追踪分别有什么作用？识别分为几个步骤，分别是什么？

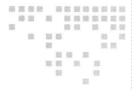

开 始 体 验

2.1　新 建 项 目

新用户首次登录后，会自动拥有一个默认项目和该项目下的默认场景。你可以将要添加的场景放在默认项目下，也可以新建自己的项目。

在下方功能区"我的项目"列表，选择"新建项目"按钮，将会出现以下的界面：

① 输入项目名称和项目描述（可选）。

② 上传项目封面图，封面图将在 APP 中展示。

③ 公开：开关开启为公开项目，所有人可用 AR 云端制作平台 APP 查看；开关关闭为私有项目，只有自己可以查看（须在 APP 上登录）。

④ APP 识别方式：默认为本地识别。

⑤ 非 HoloLens 体验的场景不必勾选（推荐一栏）。

⑥ 输入标签（可选）：可设置多个标签，用于检索项目。

保存后，既可在当前页面开始创建场景。

2.2　新建场景

在开始制作前，需要准备好识别信息（二维图片）和展示信息（模型动画、视频、图片等），登录 AR 云端制作平台后台，在已有一个（或多个）项目的前提下，在页面上方选择"模板新建"或者"编辑器新建"，开始制作。

2.2.1　模板新建

点击"模板新建"后，进入模板选择页面，在提供的模板列表里选择一个。

① 选择场景所属项目、场景名称和描述（可选），上传识别图。

 推荐到公共项目，意味着申请将当前场景推荐到 AR 云端制作平台的公共项目，可在 APP 的 AR 扫描栏目下直接查看。

② 上传素材资源。

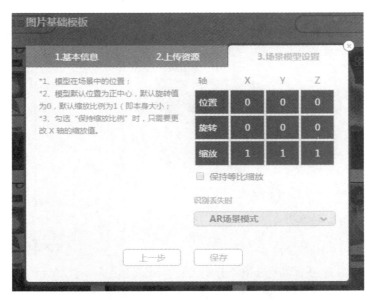

③ 编辑相对位置。

　　保存后即可生成场景，场景识别图需要经过系统审核才可生效。当场景上出现"识别图识别等级检测中，APP 无法查看"时，请等待检测完成，该过程大概会占用 1 分钟；而当场景上出现"识别图识别等级为零，请更换识别图"时，请重新打开制作页面，修改识别图。

2.2.2　编辑器新建

　　点击编辑器新建后，进入场景信息页面，完成场景所属项目、场景名称、描述（可选）和识别图的设置。

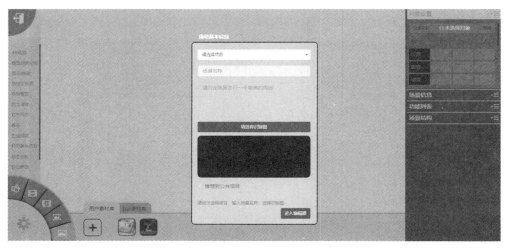

保存后，进入编辑器页面。下方功能条（可切换）选择增加素材，包括识别图切换、添加模型/图片/AR视频和透明视频，等候加载成功。编辑框内调整素材与识别图的相对位置（包括位移、缩放大小和旋转角度）。

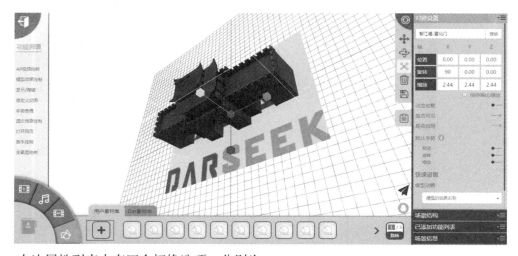

右边属性列表内有四个切换选项，分别为：

① 对象设置：显示素材对象的基本属性，包括"对象名称""可见状态""手势参数""加载类型""手势""快速设置"等。

② 场景结构：查看当前场景的组成结构，包括识别图、素材内容和添加的交互功能。

③ 功能列表：显示已设置过的全部交互功能。

④ 场景信息：修改当前场景的名称和描述。

素材上传完成后，可以开始为素材内容设置交互功能：在左侧交互功能区域选择一个功能；在弹出的窗口中，输入相关的设置；选择触发时机时，扫描到时就发生直接选择"扫描到""扫描丢失"事件；某一特定对象的特定事件则在列表中拉选"对象"+"事件"即可。

按照需求依次编辑完成后，点击"保存"，制作过程结束。

2.3 推荐到 Cloudar 云识别

Cloudar 云识别是 AR 云端制作平台提供的基于云端的图像识别搜索服务，包括图像目标的检索功能和图像目标的管理功能。免费的用户场景可以通过"推荐到公共项目"这一功能来实现。

2.3.1 推荐到公共项目

在创建场景时，勾选"推荐到公共项目"进行申请；经管理员审核通过后，可使用 AR 云端制作平台 APP 的"AR 扫描"板块直接进行查看。

① 模板创建页面（需要上传识别图后才可开启）。

② 编辑器创建页面（需要上传识别图后才可开启）。

③ 编辑器内场景信息页面。

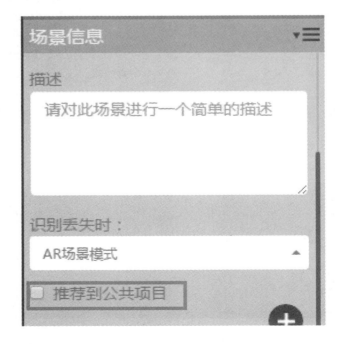

2.3.2 查看公共项目

当场景被审核通过后,将会展示在"AR扫描"板块,打开APP内的"AP扫描",将摄像头对准识别信息即可看到AR效果。公共项目的出现将场景的扫描识别置于云端,在极大程度上节省了一次AR体验需要的时间和缓存。

2.4 使用AR云端制作平台APP查看

AR云端制作平台上制作的内容可以使用匹配的AR云端制作平台APP进行查看和体验,APP内提供了大量的推荐展示,可以让AR新手快速了解AR、喜欢AR。

2.4.1 查看步骤

使用AR云端制作平台查看AR效果分为三步:

① 准备另一台设备,打开识别图,或者将识别图打印出来(不要使用反光或者有漫射材质的纸张打印)。

② 打开AR云端制作平台APP,进入识别图对应场景所在的项目。

③ 待APP加载完成后,将手机摄像头对准识别图,即刻体验AR。

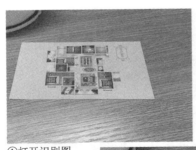
①打开识别图

②打开项目

③摄像头对准识别图，查看AR

2.4.2 界面说明

进入 APP 界面，上半部分共有六个选项按钮，由上到下、由左及右分别如下。

"扫描二维码"：扫描项目二维码，即可查看该项目下所有场景。

"推荐"：展示 DarCeator 官方推荐的示例项目列表。

"热门"：展示查看和进入次数比较高的项目列表。

"最新"：展示内容后台上最新更新的项目列表。

"项目"：登录之后，展示的是当前账号下的全部项目。

"搜索"：输入想要查找的项目名称进行搜索。

APP 下半部分共有三个选项按钮，由左及右分别如下。

"列表"：展示所有和项目有关的内容，可以进一步选择"推荐""最新"和"项目"。

"AR 扫描"：可以查看 Cloudar 公共项目中的场景（普通用户创建的场景在后台申请推荐并通过审核后，也可以使用此功能直接进

行查看）。

　　"个人中心"：可以进行查看帮助指南、选择语言、反馈意见或建议、分享应用、清除缓存的操作，登录后还可以直接查看账号下全部项目、收藏的项目以及应用相册中保存的图片。

2.5　AR 模式功能设置

　　AR 模式功能为识别图丢失（没有识别图的情况下）的素材内容提供了三种不同的处理方式，让用户在没有识别图的时候也能够体验 AR（即使摄像头离开识别图、也能将模型/视频/图片等展示内容保持在屏幕内）。这一功能完全开放了原本需要开发的"VR"玩法方式，允许用户自由地实现互动合影、成品展示等形式，为线上/线下的各类活动提供背书。同时，这一模式为未来的产品数字化项目奠定了基础。举个例子，在搭载于 AR 云端制作平台的某一项目下，隐藏了一系列产品模型/视频等素材，当选中屏幕上的标签时会出现对应的内容。将产品数字化很大程度上节省了项目的开发时间，节约了企业的开发成本，又能达到需求的效果。

2.5.1　AR 场景模式

　　说明：AR 云端制作平台默认的模式功能代表一般的场景处理模式，即离开识别图后不再显示任何素材，直到下一次的识别。

特点: 识别丢失以后,将完成整个场景,不做素材保留,能够快速地开始下一次识别,不用再次刷新项目或重新启动项目。

适用范围: 需要进行多次的识别和体验。

2.5.2 陀螺仪模式

说明: 识别丢失后,模型将保持在离开识别图前的位置,可以通过手势操作(编辑器需要手动开启)调整模型位置、放大缩小旋转模型以便更好地查阅,摄像头(手机)的移动不会影响模型所在的位置。陀螺仪模式适合三维模型动画,Pokemon Go 类的场景即为此种模式的展示。

特点: 能够更好地展示模型动画,让体验更丰富;模型脱离识别图以后依然出现的情况让用户在无图识别的情况下也能更好地看到模型,为 AR 游戏的制作和创意构思提供可实现的基础。

适用范围: 基于 LBS 的游戏开发、线下大型活动场景等,可使用陀螺仪模式,让模型出现在理论上应该出现的位置(如家具的陈列摆设等),让 AR 与现实更加结合。

2.5.3 屏幕中心模式

说明: 识别丢失后,展示信息将出现在屏幕中心(设定位置后将出现在设定的位置),移动摄像头(手机),展示信息将跟随一起移动,保持在屏幕中心;适合图片、视频、模型等素材。

特点: 素材内容随摄像头移动,因此视频、模型动画的播放不会随识别丢失而暂停、消失，改善了视频的查看体验。

适用范围：广告宣传、电影海报等易丢失识别的环境下，可使用屏幕中心播放的方式，让用户扫描后即使离开也可以继续进行体验。

2.5.4 设置方法

AR模式功能的设置位于"模板创建"场景的第三步——场景模型设置页面，以及"编辑器创建"场景时编辑器内场景信息页面下。

① 模板创建

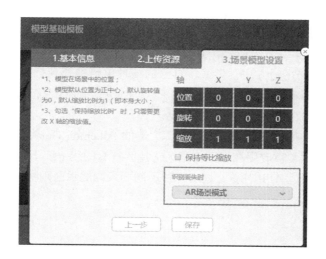

② 编辑器创建

③ 需要说明的是，如将场景设置为陀螺仪模式，可通过 APP 扫描界面右上角的"重置"按钮重置模型位置，该按钮在非陀螺仪模式下为无效选项。

2.6　章后小结

本章简要地介绍了制作平台的使用流程，所有的 AR 场景搭建都是建立在已有项目的基础上，那么你对项目的概念认识全面了吗？如果已经掌握了基础知识点，那就开始制作 AR 吧！

巩固训练：

① 在制作平台上注册一个账号，并创建一个项目。

② 使用官方素材库中提供的素材，分别使用模板和编辑器创建一个场景，体验两种不同的制作方式。

③ 使用 2.3 节中阐述的方法，尝试将自己的场景申请推荐到公共项目，然后使用 APP 来查看，体验云识别与本地识别的区别所在。查看完成后，你是否能说出云端识别与本地识别的优缺点呢？请列举 2~3 条观察到的区别吧。

④ AR 模式是一种用途较为丰富的功能，大热的 Pokemon Go 就是一种基于 LBS+ 陀螺仪的游戏，这种模式常常被应用在识别信息无法持续查看的线上线下环境中。分别制作一个不同模式的场景，并通过 APP 查看，说出三种不同场景的展示区别吧！

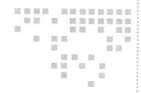
AR 场景制作

3.1 模板说明

为了帮助对 AR 制作完全没有基础的用户快速制作 AR 场景，AR 云端制作平台预置了四种基础模板，支持的素材类型分别为：图片、视频、透明视频和模型。进入 AR 云端制作平台主界面，点击选择"模板新建"选项。

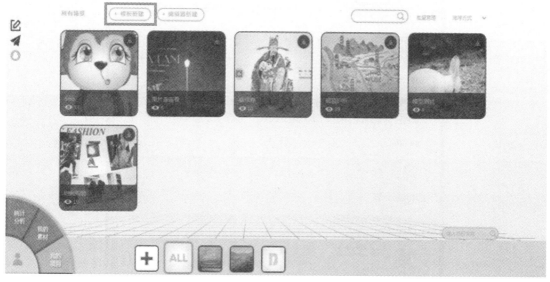

根据想要添加素材的类型，选择相应的模板进行制作。

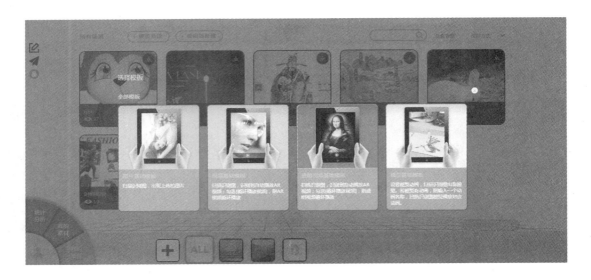

3.1.1　图片基础模板

点击"图片基础模板"选项，首先根据提示要求填写"基本信息"，包括选择项目、填写场景名称和描述、上传识别图，如果想要将场景推荐到公共项目，就点击勾选，但是此项功能需要管理员审核，完成后点击"下一步"。

第二步"上传资源"，根据要求选择合适的图片素材上传，完成后点击"下一步"。

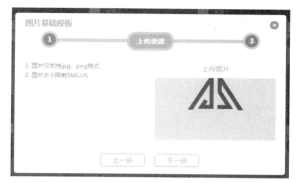

第三步"场景模型设置"，根据提示完成素材位置、旋转角度和缩放大小的设置，"识别丢失时"的设置有三种，分别为 AR 场景模式、陀螺仪模式和屏幕中心模式（三种模式的定义详见本书 2.5 节），根据场景需求完成设置后点击"保存"，返回平台主界面，图片模板的场景就制作完成了。

在所属的项目下找到该场景，点击查看，就可以使用 APP 扫描二维码进行效果查看了。根据扫描效果，可以返回场景编辑界面，调整素材的位置、大小、角度等的设置，直到实现最优质的显示效果。

3.1.2　视频基础模板

点击"视频基础模板"选项，首先根据提示要求填写"基本信息"，包括选择项目、填写场景名称和描述、上传识别图，完成后点击"下一步"。

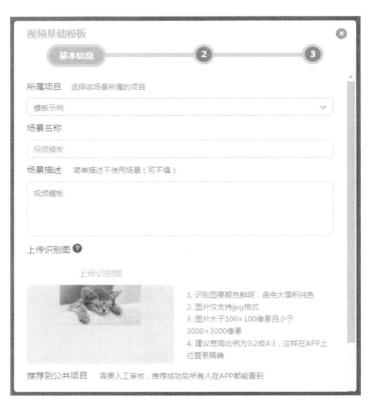

第二步"上传资源"，根据要求选择合适的视频素材上传，完成后点击"下一步"。

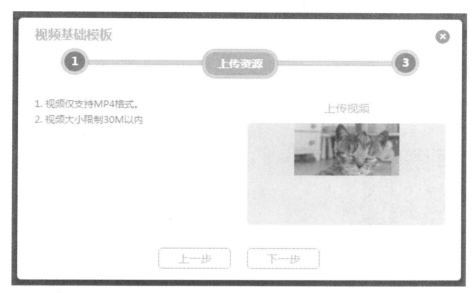

第三步"场景模型设置"，根据提示完成素材位置、旋转角度和缩放大小的设置，"识别丢失时"的设置有三种，分别为 AR 场景模式、陀螺仪模式和屏幕中心模式（三种模式的定义详见本书 2.5 节），根据场景需求完成设置后点击"保存"，返回平台主界面，视频模板的场景就制作完成了。

在所属的项目下找到该场景，点击查看，就可以使用 APP 扫描二维码进行效果查看了。根据扫描效果，可以返回场景编辑界面，调整素材的位置、大小、角度等的设置，直到实现最优质的显示效果。

3.1.3　透明视频基础模板

第一步，点击"透明视频基础模板"选项，首先根据提示要求填写"基本信息"，包括选择项目、填写场景名称和描述、上传识别图，完成后点击"下一步"。

第二步，"上传资源"，根据要求选择合适的透明视频素材上传，如果用户本地的素材库没有合适的素材，可以选择 Dar 素材库进行选择，完成后点击"下一步"。

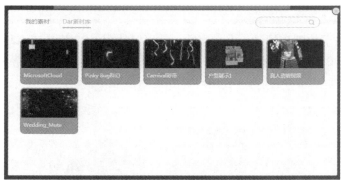

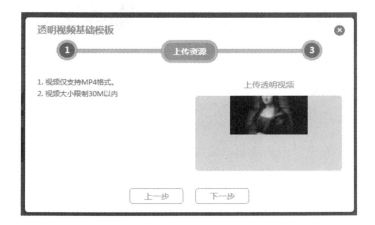

第三步，"场景模型设置"，根据提示完成素材位置、旋转角度和缩放大小的设置，"识别丢失时"的设置有三种，分别为 AR 场景模式、陀螺仪模式和屏幕中心模式（三种模式的定义详见本书 2.5 节），根据场景需求完成设置后点击"保存"，返回平台主界面，透明视频模板的场景就制作完成了。

在所属的项目下找到该场景，点击查看，就可以使用 APP 扫描二维码进行效果查看了。根据扫描效果，可以返回场景编辑界面，调整素材的位置、大小、角度等的设置，直到实现最优质的显示效果。

3.1.4 模型基础模板

第一步，点击"模型基础模板"选项，首先根据提示要求填写"基本信息"，包括选择项目、填写场景名称和描述、上传识别图，完成后点击"下一步"。

第二步，"上传资源"，根据要求选择合适的模型素材上传，如果模型包含多个动画效果，根据需求进行选择，完成后点击"下一步"。

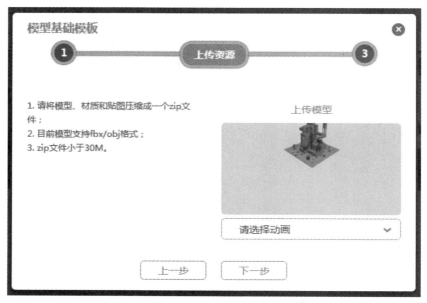

第三步，"场景模型设置"，根据提示完成素材位置、旋转角度和缩放大小的设置，"识别丢失时"的设置有三种，分别为 AR 场景模式、陀螺仪模式和屏幕中心模式（三种模式的定义详见本书 2.5 节），根据场景需求完成设置后点击"保存"，返回平台主界面，视频模板的场景就制作完成了。

　　在所属的项目下找到该场景，点击查看，就可以使用 APP 扫描二维码进行效果查看了。根据扫描效果，可以返回场景编辑界面，调整素材的位置、大小、角度等的设置，直到实现最优质的显示效果。

3.2　编辑器使用说明

编辑器创建是通过搭载于 AR 云端制作平台内容管理平台上的三维编辑器来进行 AR 场景创作的，相对于模板的简单化，编辑器则提供了一种更为复杂的设计方式：使用者不仅可以实时调整识别图与展示信息的相对位置，还可以添加多种交互功能。

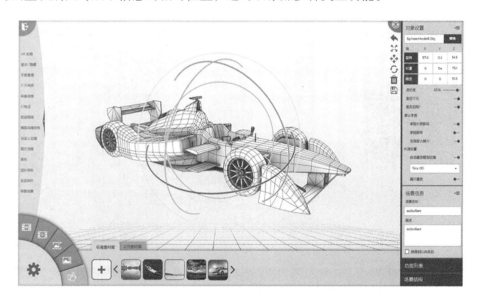

3.2.1　创建编辑器场景

后台主页面选择"编辑器新建"。

进入场景信息输入页，按照要求依次输入所属项目、场景名、上传识别图。

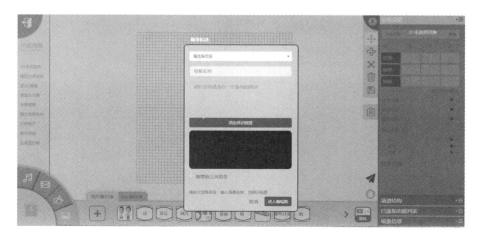

3.2.2　素材添加与调整

编辑器下方的工具条内提供多种素材类型供上传与使用，左侧旋钮切换素材类型，"加"号上传和添加新素材，用户素材库内已有的素材（对应类型）将展示在右方，切换至 Dar 素材库可以导入 Dar 素材库内的素材。点击需求的素材图标，等待加载完成，即可添加素材。

使用"对象设置"旁的工具条（旋转／移动／缩放按钮）或者"对象设置"内的数值设置框来调整素材信息和识别图的相对角度／位置／大小，直至合适的程度。

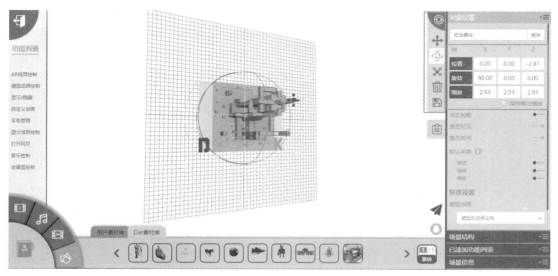

工具条下方的信息按钮，将显示当前选中对象本身的基本信息，便于区别和查看。

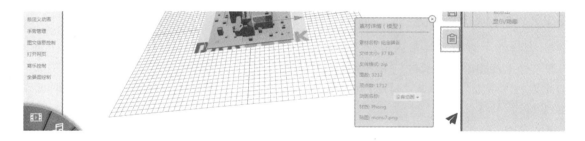

3.2.3 交互功能定义

编辑器左侧工具条上罗列了可以设定的交互功能。点击需求交互名，在弹出的对话框内按照要求输入信息，并设置触发时机（如点击后发生等）。

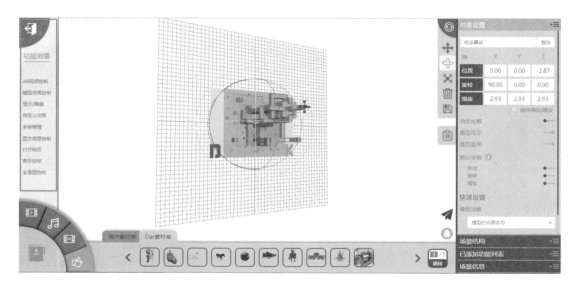

右侧切换到"场景结构"后，可以查看当前场景下的所有素材内容以及对应的交互功能，点击交互名，可对该功能进行修改。

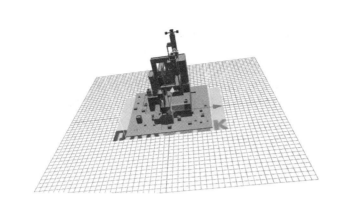

3.2.4 保存和再编辑

制作完成的场景，可点击保存按钮进行保存；等待弹出窗提示保存成功后，点选左上角的返回按钮返回后台主页。

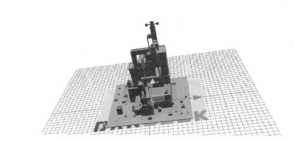

场景的再编辑和修改是通过后台主页面上场景的"编辑"功能按钮来完成的，修改后请记得保存。

3.3 音乐/全景/在线视频/图文信息的增加使用

在之前的编辑器使用过程中，为了避免动态加载导致的音频加载延迟，需要将 MP3 格式转为 MP4 格式、作为视频素材添加到场景中；优化后的编辑器将这一不便捷的使用方法做了更新，将音乐作为一种素材首先进行添加，然后通过交互功能的设置运用到当前场景下。

　　同理，在线视频、全景图和图文信息也被纳入素材的一种类型，需要先添加。进入编辑器页面后，通过编辑器左下角的旋钮切换至音乐／在线视频／全景图／图文信息类，分别进行上传就可以在场景中使用了，相对于之前的编辑器来说操作更加便捷、直观。

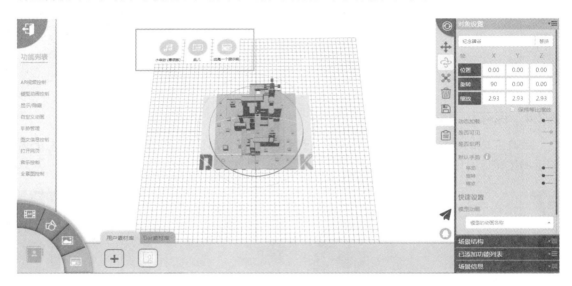

使用方法

　　在编辑器左下方的旋钮内找到"音乐"、"全景图"、"图文信息"三种类别，选中素材并添加，素材将会在三维编辑框的左上方依次排列。

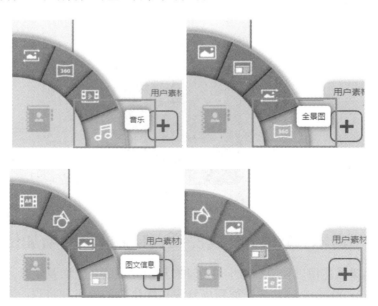

对应的 AR 素材添加了，但是并没有设置对应出现和播放的动作，因此三种素材在场景中的呈现方式需要通过对编辑器左侧功能列表的设定来实现。

① 选择"音乐控制"选项，按照提示设定交互，点击"完成"按钮。

② 选择"全景图控制"选项，按照提示设定交互，点击"完成"按钮。

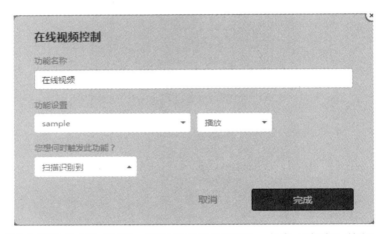

③ 选择"在线视频控制"选项，按照提示设定交互，点击"完成"按钮。

④ 选择"图文信息控制"选项，按照提示设定交互，点击"完成"按钮。

图文信息的使用此处需要注意三点：

① 为了区分不同的图文信息素材，请输入不同的标题。

② 复制到内容框中的文字和图片是默认的统一格式。

③ 如果将图文信息的触发方式设置为"扫描识别到"，则在扫描该场景时，会先执行跳转网页、打开图文信息的交互，这样会影响其他素材的显示，所以如果场景中添加了图文信息素材，请设置成其他触发方式。

3.4　动态加载功能

加载类型是决定一个 AR 素材在查看过程中的下载形式的基本要素。一般情况下新上传的 AR 素材将会默认为直接加载，即打开项目时包含在 AR 资源包内一起加载至本地，扫描是从缓存中调用对应的 AR 素材内容。如果将某一对象的动态加载属性开启，则打开项目时加载的资源包内将不包含该对象，直到动态加载属性被事件触发，才会从云端开始加载该对象、显示在屏幕上。区别于默认加载类型，动态加载极大地节省了 AR 资源包的大小，让使用体验更顺畅。

设置方法

选中需要动态加载的对象后，在右侧的"对象属性"页面可以看到动态加载的属性；开启开关后，可以在下拉菜单中选择触发时机；一旦扫描过程中该时机被触发（例如其他对象被点击），则开始加载该对象，并展示出来。

 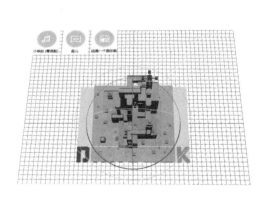 

3.5　AR 视频控制功能

视频是 AR 展示内容的常用类型之一，相对于模型较复杂的制作需求，视频更加简单、易得。AR 视频通常包含以下属性：上传的视频素材可以通过编辑器内的工具条或位置数值框来修改和调整视频的位置、角度等；播放过程不需要进行播放器的跳转，并且可以固定在某一特定位置。

播放设置

上传 AR 视频时，"对象设置"内默认勾选"自动播放视频"的快速设置；如不需要自动播放，则可手动取消该属性。

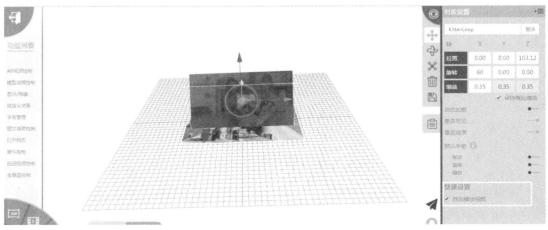

通过"AR 视频控制"功能，可以设置视频对象在特定的需求时机进行播放、暂停、停止的操作。在左侧的交互功能内选择"AR 视频控制"，弹出的页面中设置控制元素。

名称：随意输出，便于自己区分。

功能设置：可以作为操作目标的 AR 视频名称将会出现在"选择 AR 视频"的下拉列表中，从中选择需要的"AR 视频"名；下拉列表中选择"播放""暂停"或"停止"操作。如需循环播放，则勾选"循环播放"选项。

触发时机：设定视频操作的时间节点，可选为同一张识别图上某一 AR 素材对象的某一事件即可；或者识别系统的识别到 / 识别丢失事件。

3.6　模型动画控制功能

模型动画在 AR 的展示中十分具有表现力，它是一种直观立体的展现方式，并通过自带的展示动画效果使 AR 场景动感十足，表现力更强，效果更好，常被应用在各种活动现场、广告牌位上。AR 云端制作平台的编辑器同样支持模型动画的添加，而模型动画的控制（播放、暂停或停止）则需要通过"模型动画控制"功能来实现。

操作步骤

将带有动画效果的模型添加到编辑器中。

选择编辑器界面左侧功能列表中的"模型动画控制"选项。

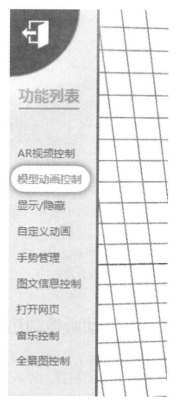

按照要求完成各项设置，选择想要展现的动画效果，设置动画播放的触发方式，全部设置完成后，点击"完成"进行保存并回到编辑器界面，"模型动画控制"的功能交互就设置好了。

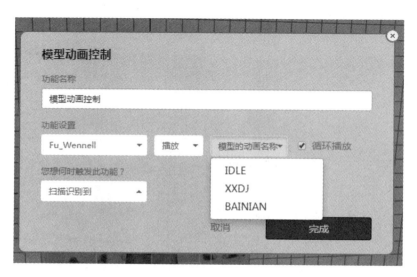

3.7　显示/隐藏功能

一般来说，我们会希望扫描后 AR 对象就直接出现在屏幕上。但是在应用过程中，经常会遇到这样的设计：点击图片，进行两个 AR 对象之间的切换显示。这个时候，就需要用到隐藏/显示动作了。

在 AR 编辑器中，可以做到的切换操作有两种：一是让隐藏的内容显示在扫描的屏幕内，二是让显示的内容隐藏起来。

操作步骤示例：

① 对模型 A 设置属性（隐藏），模型 B 设置属性（显示）。

② 对模型 B 启用"点击"事件，选择"显示"动作，动作属性为"让 模型 A 显示"；"隐藏"动作，动作属性为"让 模型 B 隐藏"。

③ 对模型 A 启用"点击"事件，选择"显示"动作，动作属性为"让 模型 B 显示"；"隐藏"动作，动作属性为"让 模型 A 隐藏"。

④ 这样，切换动作就可以连接起来。

3.8　自定义动画功能

如果场景中使用的素材本身是没有动画效果的，就可以通过进行"自定义动画"，对素材的起止位置、大小、旋转量进行设置，使素材的展现方式更加动感炫酷。

举个例子：自定义动画的功能，可以实现一个模型从"中心开始"—"慢慢旋转"—"逐渐放大"到原模型的 10 倍—"停留在屏幕中心"的过程，这些描述的具体控制将通过自定义动画属性填写页面的数值来操作。

操作步骤

选择要设置的素材（以鞋子的模型为例）。

选择左侧功能列表中的"自定义动画"选项。

根据提示逐步进行起始位置、动效、持续时间、触发类型的设置，并可以点击"预览"进行效果查看，从而进行调整，动态效果有匀速、正弦缓动、指数缓动、回弹缓动等多种选择，可以根据想要的效果进行设置。

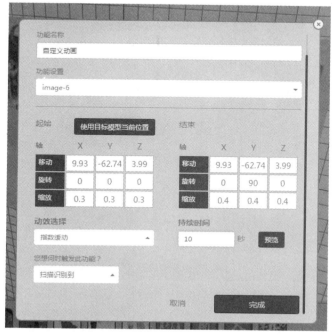

设置完成后，点击保存，模型的自定义动画功能就设置完成了。

如果扫描过程中断导致了识别丢失，那么在重新扫描的时候，自定义动画会重置，也就是重新开始播放。

3.9　手势功能

在之前版本的编辑器中，AR 云端制作平台加入了手势操作的功能，方便用户在使用 APP 体验时可以通过手势的操作来控制素材，以达到深层次交互的目的。新版本中，我们对手势操作这一功能进行了全新的升级，并在 APP 中通过一系列的 GIF 来引导用户进行体验。

开启手势操作

编辑器创建的素材需要在对象设置板块将想要的"默认手势"打开。

在 AR 模式／陀螺仪模式／屏幕中心模式下，选中单一对象，并进行以下操作。

❑（移动）前后：单指选对象，围绕识别图向前或向后滑动。

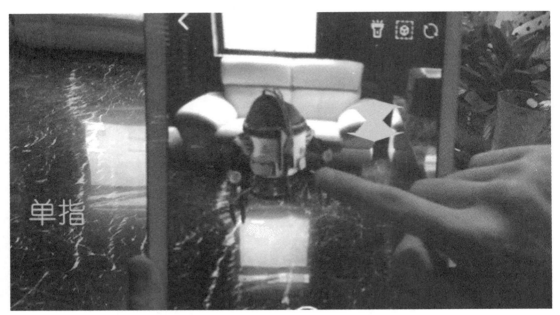

❑（移动）左右：单指选对象，向左或向后滑动。

❑（移动）上下：双指选中对象，垂直向上或向下滑动。

❑ 旋转：双指选中对象，水平向左或向右滑动。

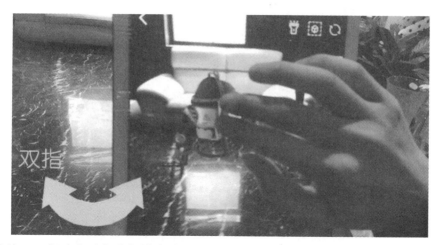

❑ 缩放：双指选中对象进行放大或缩小。

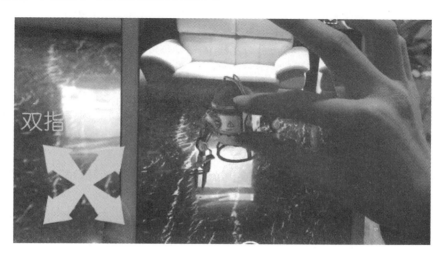

❑ 重置：点击 APP 右上角的重置按钮（只在陀螺仪模式或屏幕中心模式有效），将模型重置在摄像头对准的屏幕中点。

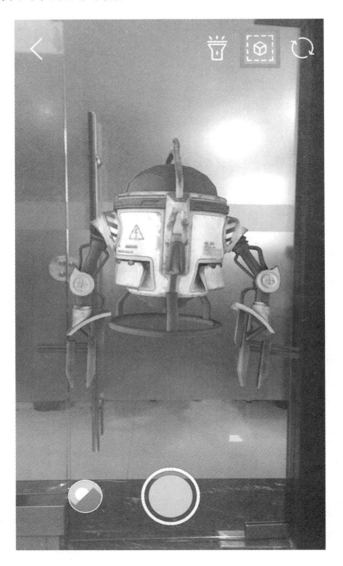

附加说明

① AR 模式和陀螺仪模式下，对象的旋转都将只围绕 Y 轴（也就是垂直轴）来做动作，不再有其他变化，这一优化在一定程度上解决了之前由于模型的旋转导致模型脱离屏幕的问题。

② 当屏幕上存在多个对象时，可能会出现由于点击未选中而导致的手势操作"失效"，这时，只需要再次点击想要操作的对象即可。

③ 为保证最佳的手势效果，在制作模型过程中请参照 AR 云端制作平台的模型制作标准。如 Y 轴设置未符合标准，则会出现如下这种旋转歪曲的情况。

3.10 图文信息控制功能

做产品信息展示时，常常会用到图文信息这一素材，将产品的文字信息以网页（图文）的形式展现出来。相对于视频和模型等类型，图文信息占用资源更小、涵盖内容更丰富，并且可以实时更新修改。以往的图文信息在识别过程中会出现跳转到外部浏览器的过程，跳转后返回则需要重新扫描；新版本的编辑器中，我们优化了这一功能，利用新加入的 WebView 插件，可以实现在应用内打开图文信息、返回后持续之前的识别内容，而不用再次扫描或者因为跳转失败导致体验不佳。

操作方法

在编辑器的左下方素材选择中，找到"图文信息"素材库。

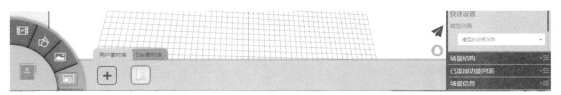

点选"＋"号，在弹出的文字框中输入需要展示的图文信息内容（可自定义编辑），并点击"完成"。

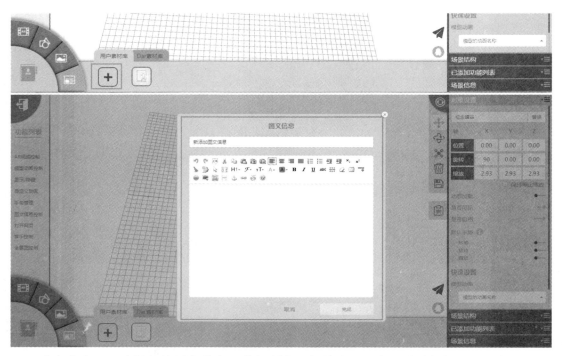

选中库中已经编辑好的图文信息，带标题的图标将会显示在三维编辑框的左上角。

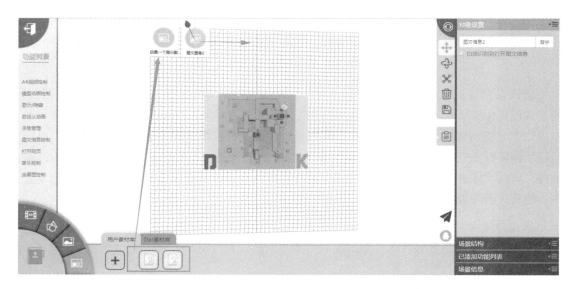

编辑器左侧的交互功能中，选择"图文信息控制"功能，输入名字，选择图文信息对象，选择打开方式（可使用 APP 内的 WebView 打开或者使用手机自带的浏览器打开），设定一个触发时机，保存即可。

3.11　打开网页功能

我们在看杂志或者浏览网页广告的时候，如果遇到自己感兴趣的商品，会希望有一种十分便捷的方式能直接跳转至该商品的购买页面，而不是还要在网上众多的商品中进行漫长的搜索，AR 云端制作平台编辑器中的"打开网页功能"正好可以满足用户的这一需求。

下面的场景中有丝巾、外套、大衣、鞋子四件商品，每件商品都有对应的图片标签，想要实现的交互效果是点击标签，就可以跳转打开相应的商品购买链接。

操作步骤

选择编辑器界面左侧功能列表中的"打开网页"选项。

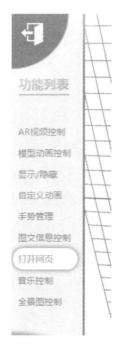

按照要求完成各项设置，如果一个场景中有多个相同的交互操作，可以修改功能名称以示区别，将外套商品对应的网址复制粘贴到"功能设置"一栏，选择 APP 打开浏览器的方式（有两个选项，一是用手机默认浏览器打开，二是用 APP 自带浏览器打开，如果选择二，会用 APP 中内置的插件打开网页，不用跳出 APP），设置触发打开网页功能的方式，一般多为对应的图片素材被点击时触发，全部设置完成后，点击"完成"进行保存并回到编辑器界面，"打开网页"的功能交互就设置好了。

3.12 音乐控制功能

音乐是世界通用的语言，如果在一个 AR 场景中加入优美的旋律作为背景音，兼顾视觉和听觉，自会为该场景的体验增色不少。特别是在制作用于婚礼、生日宴会等用途的 AR 请柬时，配上一段对制作人来说意义非凡的音乐，是非常应景的。

操作步骤

在编辑器的左下方素材选择中，找到"音乐"素材库。

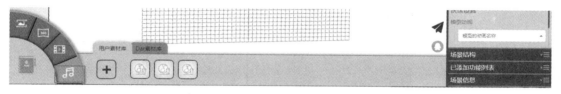

点选"＋"号，将音频文件上传到用户素材库中。

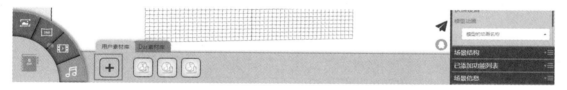

选中库中已经上传好的音频，或从 Dar 素材库导入音频，带标题的图标将会显示在三维编辑框的左上角。

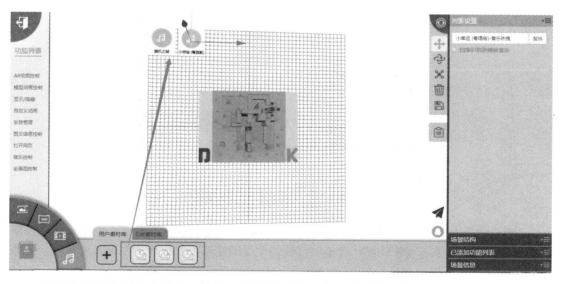

编辑器左侧的交互功能中，选择"音乐"功能，按照要求完成各项设置，可以选择音乐是否循环播放，根据场景想要实现的效果选择音乐播放的触发方式，全部设置完成后，点击"完成"进行保存并回到编辑器界面，"音乐控制"的功能交互就设置好了。

3.13　全景图控制功能

　　360° 全景图也是一种较为常见的素材类型，加载全景后可以通过手机摄像头的旋转移动查看全景内容，实现 VR 效果。含透明部分的全景图能够很好地叠加在现实场景上，让体验效果更加立体、更加直观。AR 云端制作平台支持全景图作为一种新的素材来添加，不过全景图片的打开需要通过"全景图控制"这一功能来实现。

　　操作步骤

　　在编辑器的左下方素材选择中，找到"全景图"素材库。

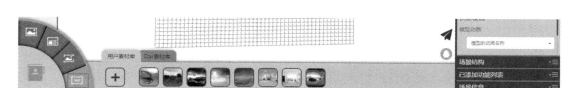

点选"+"号，将全景图文件上传到用户素材库中。

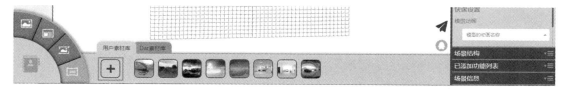

选中库中已经上传好的全景图，或从 Dar 素材库导入全景图，带标题的图标将会显示在三维编辑框的左上角。

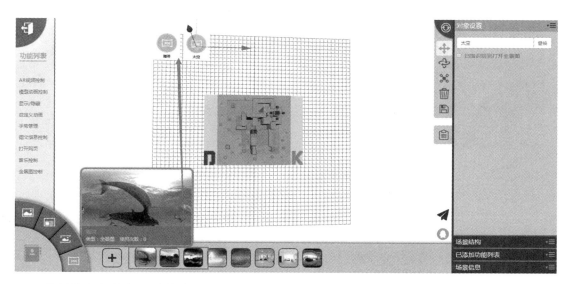

编辑器左侧的交互功能中，选择"全景图控制"功能，在功能设置的下拉列表中选择需要操作的对象名，根据场景想要实现的效果选择触发方式，全部设置完成后，点击"完成"进行保存并回到编辑器界面，"全景图控制"的功能交互就设置好了。

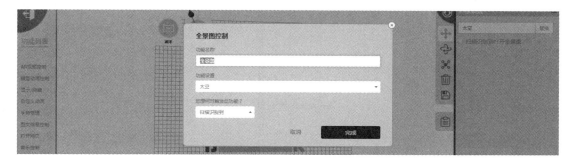

3.14 在线视频控制功能

在前面的章节中，我们讲了如何在编辑器中控制已经下载到本地视频的播放，本节介绍如何在编辑器中设置在线视频控制的功能。

在编辑器的左下方素材选择中，找到"在线视频"素材库，添加素材。

下面进行功能控制设置，在左侧功能列表选择"在线视频控制"功能。

按照下图，完成各项设置后，点击"完成"。

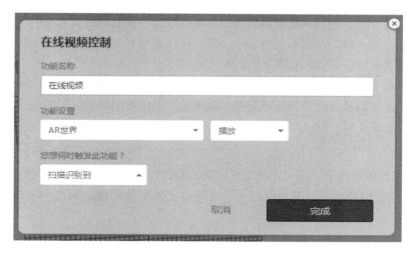

这样，在线视频功能就设置完成了。

需要注意的是，如果对于在线视频播放设置的要求就是"扫描识别到"，还有一种更加便捷快速的设置方式：选中已添加的在线视频素材，勾选编辑器右侧属性列表中"对象设置"中的"扫描识别到播放在线视频"，就可以了。

另外，AR视频在扫描时直接显示播放，而在线视频需要跳转并使用系统默认的播放器进行播放（在未来的版本中，将会实现直接使用APP内置播放器播放），所以在线视频可以实现全屏播放，而AR视频只能根据设定好的比例尺寸进行播放。

3.15 章后小结

本章详细地介绍了模板和编辑器的使用方法，以及各种基本的交互功能。在编辑器真正的使用过程中，每一项功能都不是独立的，我们往往会用到多种交互功能的组合来实现复杂的想法，制作表现效果灵活多变的 AR 场景。

模板式制作是一种快速生成 AR 的方式，能让初学者快速掌握如何制作 AR。其实模板式并不局限于上述四种，通过灵活地创建模板来适应匹配不同行业、不同场景的实际需求才是模板 AR 的最终目的。所以，你能否制作几种模板并将它们应用在实际场景中呢？

巩固训练：

① 在编辑器的环境下，练习十种交互功能的基础设置方法，并通过 APP 进行体验；

② 在编辑器的环境下，综合利用至少 3 种以上的交互功能，制作一个较为复杂的 AR 场景；

③ 根据现实使用环境，创建一种新的制作模板。

第 4 章

素 材 规 范

4.1 识别图规范

识别信息是整个 AR 的基石，只有添加了识别信息，才能添加 AR 内容。对 AR 云端制作平台来说，二维图片是使用范围最广泛的一种类型。图片的可识别程度将决定整个 AR 的识别稳定性，如果图片的可识别程度不符合标准，甚至会导致无法识别的情况。因此，对应用在平台内的二维图片（识别图），我们有一些必要的建议。

4.1.1 识别图规范小贴士

① 目前识别图只支持 jpg 格式，大小在 5Mb 内。

② 识别图应具有多种颜色，避免大面积纯色，尽量避免使用黑白纯色图片。

③ 文字和阴影会影响图像识别，识别图整体不要偏暗。

④ 识别图宽高比例最好控制在 3∶2 或 4∶3 左右，这样在 APP 上的显示位置可以更准确。

⑤ 图片最小像素为 100×100，最大像素为 3000×3000。

4.1.2 识别效果不稳定的原因说明

在使用 APP 查看场景的时候，偶尔会出现无法识别或者识别效果不稳定的情况，以下是一些常见的原因和解决方法。

① 编辑器左侧的交互功能中，选择"全景图控制"功能，在功能设置的下拉列表中选择需要操作。

② 打印供扫描的识别图与后台上传识别图的内容不一致，就会出现无法识别的问题，所以请确保同一个场景在编辑器中上传的识别图和打印出来、供 APP 扫描的识别图的内容一致。

③ 识别时受到打印纸张材质的影响，可能会出现反光、褶皱等情况，这些干扰因素会导致识别效果不稳定、甚至无法识别，所以请选用漫射、非反光材质打印识别图，确保无反光点，并使纸张保持平整。

④ 如果使用手机翻拍的图片作为识别图，因为拍摄角度、像素、光线等因素，会导致识别图不清晰，从而影响识别质量，所以最好上传原文件或扫描件，最大程度地保证识别图的清晰度。

⑤ 如果上传识别图的色调比较单一，单纯的线条过多，或者图案分布不均匀，可能会造成识别不稳定的现象，所以请选择色调丰富、图案较为复杂的图片作为识别图，并且图案的总体分布要尽量均匀，这样可以有效避免识别重心的偏移，实现较好的识别效果。

⑥ 文字和阴影会影响图像的识别效果，如果上传的识别图包含了文字或者部分阴影，那么就可能会造成识别不稳定、甚至无法识别的现象，所以请选择不带有文字和阴影效果的图片作为识别图。

⑦ 如果图片的整体色调偏暗、单一，出现大面积纯色，甚至是黑白色调的，也可能造成识别不稳定、甚至无法识别的现象，所以请选择色调比较明亮的图片作为识别图。

4.1.3 识别图效果不佳的改进方法

上传识别图到后台素材库中进行识别星级评定，一般来讲应该保证识别星级评定不低于三颗星，如果低于三颗星建议采取如下方法进行修改。

① 图像是否具有锐利的细节。在识别图星级评定中，一个正方形包含 4 个特征点，一个圆形不包含任何特征点，用户在制作识别图时尽量保证大面积使用圆形与圆滑的设计。

原始图像

上传一张只有圆形的图片进行星级评定。

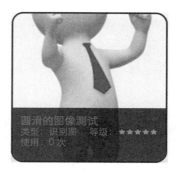

② 适当提升图像的对比度。

原始图像

高对比度图像

修改对比度后的星级评定差距。

③ 图像仅仅是局部具有锐利的细节和良好的高对比度，如下图：

对于上述识别图，可以观察到左边和上边部分整体偏蓝色不具有锐利的细节和良好的高对比度，而仅仅是右下角有丰富的细节。

不均匀的完整图片和裁剪后有丰富细节图片的星级对比如下：

④ 我们发现③中的识别图就算只保留右下角图像但是星级评定依然不乐观，深究其原因在于虽然这部分图像包含足够的锐利细节和良好的对比度，但是有重复的图案，会阻碍识别的性能，降低了评级的星级。为了获得最佳效果，请选择不带重复图案或者旋转对称的图像。

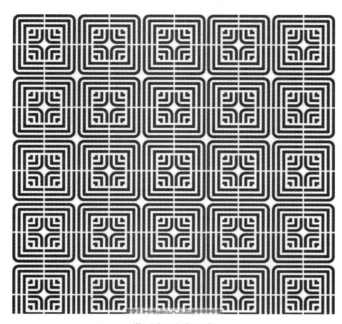

带重复对称图案

打破重复对称图案

打破重复对称后图案的星级对比：

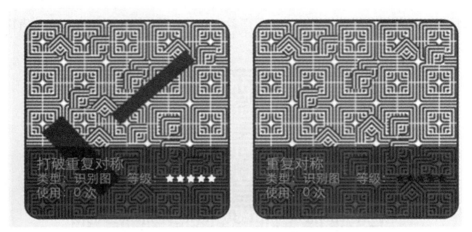

⑤ 尽量避免大面积的模糊设计，我们将②中的原始图像周围进行大面积模糊，观察发现星级降低了一颗星。

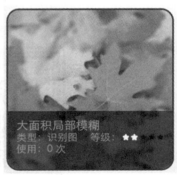

大面积模糊后的识别图   识别星级

4.2 素材格式规范

AR 云端制作平台的 AR 内容对象支持不同的素材类型。

4.2.1 图片

格式为 JPG/PNG 的二维图片，大小在 5M 内。

4.2.2　模型

格式为 FBX/OBJ 的三维模型（可含动画），大小在 30M 内。

FBX：带贴图的 FBX 模型文件；FBX 模型文件和贴图文件（贴图文件相对模型路径）。

OBJ：.obj 的模型文件 + .mtl 的材质文件（贴图文件相对模型路径）+ .jpg/png 的贴图文件。

三维模型文件需要将所有的文件内容压缩至一个 .zip 压缩包内，压缩包下不能出现文件夹、中文名文件或文件名内含有特殊字符的文件。

4.2.3　AR 视频

格式为 MP4 的视频文件，大小在 30M 内。

在土豆、优酷等网站下载的视频文件，由于特殊编码的问题，上传前需要经过一次转换，方法可参考 4.4 节内容。

AR 视频的播放大小与编辑器内调整的大小一致。

4.2.4　音频

格式为 MP3 的音乐文件，大小在 10M 内。

音频的播放由音乐控制功能进行触发。

4.2.5　在线视频

格式为 MP4/AVI 的视频文件，大小在 30M 内。或者在线网络视频（链接网址即可，支持各大视频网站如优酷、腾讯等）。

在线视频将由系统默认的浏览器打开播放。

4.2.6　透明视频

格式为 MP4 的视频文件，大小在 30M 内。

透明视频在编辑器中只会呈现带有源视频颜色的一部分。

透明视频的播放大小与编辑器内调整的大小一致。

4.2.7　图文消息

使用系统提供的富文本编辑框自定义编辑图文信息。

图文消息将以网页（搭载于 APP 内的浏览器或者手机上的浏览器应用）的形式打开。

4.2.8　全景图片

格式为 jpg、png 的 360° 全景图片，大小在 30M 内。

4.3　模型处理规范

模型（特别是带有动画效果的模型）作为 AR 场景中最富表现力和变化的素材，在制作规范方面具有比其他种类素材更多的要求，为了保障 AR 场景的最终呈现效果，本节将针对模型规范的各个方面进行详细的阐述。

在讲模型规范之前，需要明确两个问题，第一个问题是"AR 模型动画"与"传统建模用作 CG"的区别，见下表。

项目	AR 模型	传统建模用作 CG
面数（四边面）	<30W	理论上不限
贴图	分 UV	可以不用
动画	严格的标准	建模软件支持的方式

第二个问题是如何确定脚本、参考图／参考视频，参考依据主要有以下四点：

① 原画三视图的设计；

② 参考物体三视图照片；

③ 动画参考视频；

④ 需求脚本。

在明确了这两个前提之后，下面就进入 AR 模型动画具体的制作流程规范。

4.3.1　建模软件

① 建议使用常见建模软件 3DS MAX、MAYA、Blender。

② 使用 ZBrush 等雕刻软件后务必注意模型面数。

③ 使用 SketchUP、SolidWorks、AutoCAD、Inventor 等其他建模软件需要导出 FBX，在常用建模软件中减面和检查模型及动画是否正确。

4.3.2　白模制作

① 使用四边面，不建议使用三角面，不允许使用多边面。

② 模型制作单位统一为米（M），具体设置如下图。建议制作为 100~500 单位大小的模型。

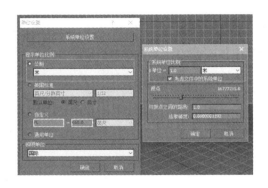

③ 模型坐标中心点归于世界坐标系原点（建模软件坐标系原点）；模型坐标中心点需要放在模型自身合适的位置（有时，AR 未显示模型，就是因为模型坐标中心点不在世界坐标系原点或者不在模型自身的合适位置），修改教程如下：

a）模型坐标中心点不在世界坐标系原点的处理方法

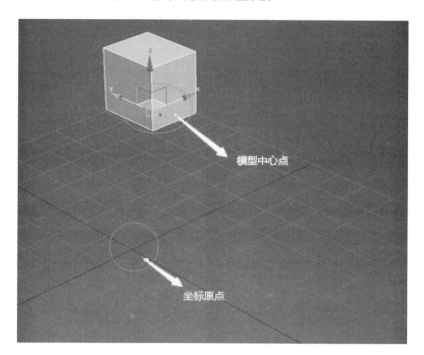

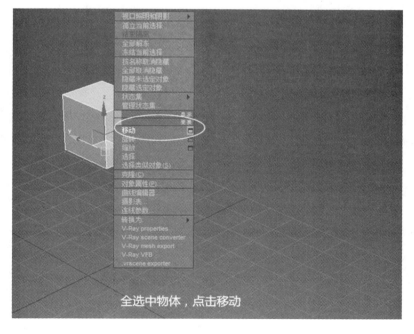

全选中物体，点击移动

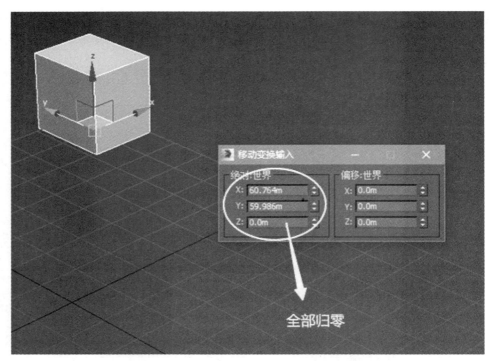

b）模型坐标中心点不在模型自身的合适位置（如质心）的处理方法

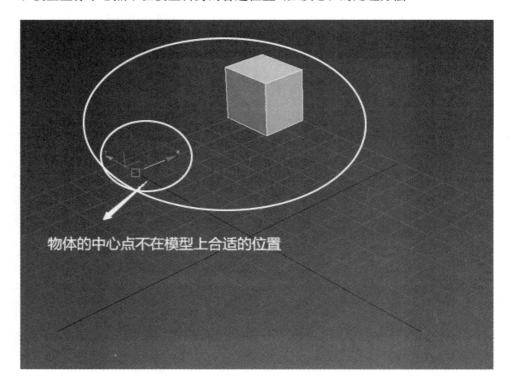

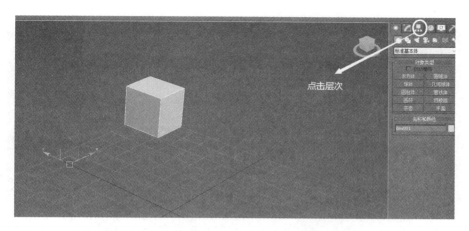

点击层次

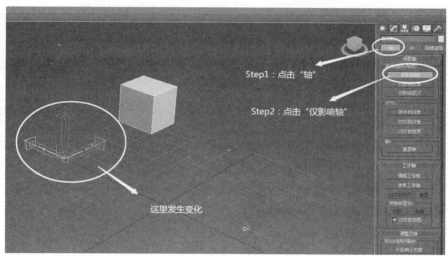

Step1：点击"轴"

Step2：点击"仅影响轴"

这里发生变化

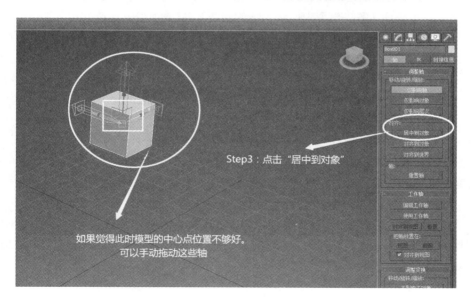

Step3：点击"居中到对象"

如果觉得此时模型的中心点位置不够好，
可以手动拖动这些轴

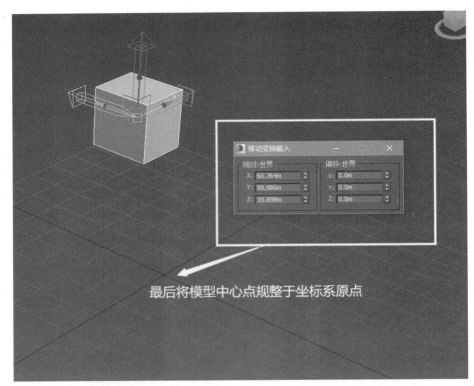

④ 面数要求：

a）针对 IOS：单个物体模型控制在 5W 四边面以内，场景控制在 30W 四边面以内，并且针对带有动画的场景建议低于 20W 四边面。

b）针对 Android：单个物体模型控制在 4W 四边面以内，场景控制在 20W 四边面以内，并且针对带有动画的场景建议低于 10W 四边面。

⑤ 不允许重叠面（解决模型中面片闪烁的问题）、双重顶点、开放的边等情况发生。

⑥ 法线方向需统一，请务必注意法线方向问题（解决模型贴图显示错乱的问题，如果模型在 APP 显示发现具体贴图出现错误，可以尝试更改错误部分的法线）；倒角一般需要三段。

⑦ 光滑组后模型不允许出现黑面，可通过加线卡线的方法避免黑面。

⑧ 模型网格名称使用英文。

⑨ 保持模型面与面之间的距离，推荐最小间距为当前场景最大尺度的二千分之一；如果物体的面与面之间贴得太近，会出现两个面交替出现的闪烁现象。模型与模型之间不允许出现共面、漏面和反面，看不见的面要删掉。在建模初期一定要注意检查共面、漏面和反面的情况。

⑩ 删除场景中多余的面，在建立模型时，看不见的地方不用建模，对于看不见的面也可以删除，主要是为了提高贴图的利用率，降低整个场景的面数，以提高交互场景的运行速度。如 box 底面、贴着墙壁物体的背面等。

⑪ 可以复制的物体尽量复制。如果一个 1000 面的物体烘焙好之后复制出去 100 个，那么所消耗的资源基本上和一个物体所消耗的资源一样多。

⑫ 模型的塌陷。当一栋建筑模型经过建模、贴纹理之后，然后就是将模型塌陷，这一步工作也是为了下一步烘焙做准备。

⑬ 按照"一建筑一物体"的原则塌陷，体量特别大或连体建筑可分塌为 2~3 个物体，但导出前要按建筑再塌成一个物体。

⑭ 用 Box 反塌物体，转成 Poly 模式，这时需检查贴图有无错乱。

⑮ 塌陷物体，按楼或者地块来塌陷，不要跨区域塌陷。

⑯ 镜像的物体需要修正：用镜像复制的方法来创建新模型，需要加修改编辑器修正一下。需要选中镜像后的物体，然后进入 Utilities 面板中单击 Reset XForm，然后单击 Reset Selected；进入 modfiy 面板选取 Normal 命令，反转一下法线即可。

4.3.3 材质贴图制作

① 模型制作时需要新建材质并赋予相关网格。

② 理想情况下，请尽量减少模型材质数量，建议小于 10 个。

③ 需要将除"标准 Standard 材质"和"基于 Standard 的多维材质"外的其他材质转换为标准材质，例如 3DS MAX 的 VARY 材质不支持（房地产户型建模需要格外注意）。

④ 在 AR 场景制作中，Multi/Sub-Object 材质中的子材质必须是 Standard 标准材质。在制作完模型进行烘焙贴图前都必须将所有物体塌陷在一起，塌陷后的新物体就会自动产生一个新的 Multi/Sub-Object（多维 / 子物体）材质。

⑤ 材质名称为英文，不能有重名。

⑥ 材质球命名与物体名称一致。

⑦ 材质球的父子层级的命名必须一致。

⑧ 材质球的 ID 号和物体的 ID 号必须一致。

⑨ 不支持双面显示，需要通过正反面建模处理。

⑩ 贴图尺寸：不超过 2048×2048，贴图建议使用 2 的倍数分辨率尺寸。

⑪ 贴图格式：不含透明通道——JPG（一般来讲 PS 导出品质设置为 80%），含透明通道——PNG（一般来讲保证贴图小于 2M）。最后建议在保证模型效果的基础上压缩图片分辨率以及使用其他工具压缩图片质量。

⑫ 展 UV：UV 须展平，贴图利用率大，合理拆分 UV，UV 要占整张贴图的 80% 以上。一般来讲有两种情况，举例说明。

a）户型模型制作：制作户型白模后，给网格赋予材质和贴图，然后展 UV，调节灯光烘焙贴图。

b）卡通动物模型制作：制作户型白模后，给网格赋予材质，然后展 UV，手绘贴图。

⑬ 尽量减少模型贴图的数量，要求展 UV 时良好布线，例如网易阴阳师模型 UV 贴图：

⑭ 模型贴图仅支持漫反射贴图（Diffuse）、透明贴图（Transparent）及法线贴图（Normal），其设置如下图：

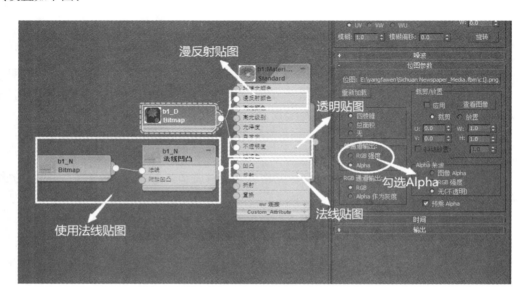

⑮ 贴图和模型文件放在同一级目录下（项目文件夹），贴图的路径设置为相对路径，设置教程如下：

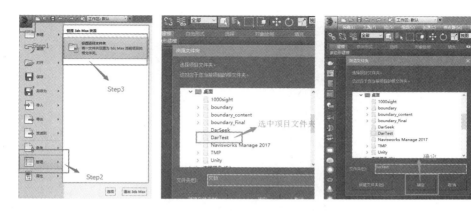

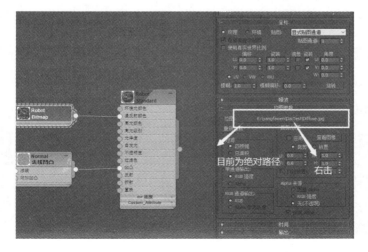

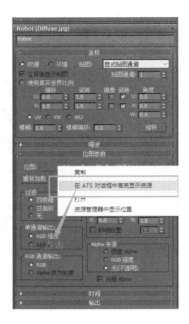

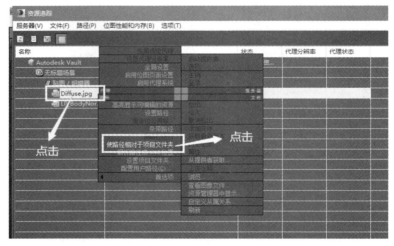

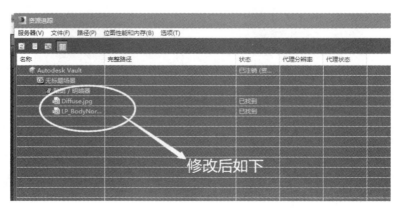

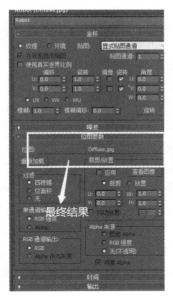

⑯更多的贴图类型支持需要咨询 AR 云端制作平台后台专业的工作人员。

4.3.4 烘焙贴图

① 烘焙的物体黑缝解决办法：在烘焙的时候，如果图片不够大，往往会在边缘产生黑缝。处理小技巧如下。

a）如果做鸟瞰楼体比较复杂，可以把楼体合并成一个物体变成多重材质，然后对楼体进行整体完全烘焙，这样可以节省很多资源。

b）对于建筑及地形，须检查模型的贴图材料平铺的比例，对于较远的地表（或者草地），可以考虑用一张有真实感的图来平铺，平铺次数少一些。

c）对于远端的地面材料，如果平铺次数大了，真实感比较差。

② 若用 CompleteMap 烘焙，烘焙完毕后会自动产生一个 Shell 材质，必须将 Shell 材质变为 Standard 标准材质，并且通道要一致，否则不能正确导出贴图。

③ 模型烘焙及导出模型烘焙：

a）渲染方式：采用 Max 自带的 Light Tracer 光线追踪进行渲染。

b）灯光效果控制：该项目在烘焙前会给出固定的烘焙灯光，灯光的高度、角度、参数均不可调整，可以在顶视图中将灯光组平移到自己的区块，必须要用灯光合并场景然后烘焙。

c）烘焙贴图方式：建筑模型的烘焙方式有两种。一种是 LightMap 烘焙贴图方式，这种烘焙贴图渲染出来的贴图只带有阴影信息，不包含基本纹理。具体应用于制作纹理较清晰的模型文件（如地形），原理是将模型的基本纹理贴图和 LightMap 阴影贴图两者进行叠加。优点是最终模型纹理比较清楚，而且可以使用重复纹理贴图，节约纹理资源；烘焙后的模型可以直接导出 FBX 文件，不用修改贴图通道。缺点是 LightMap 贴图不带有高光信息。另一种是 CompleteMap 烘焙方式，这种烘焙贴图方式的优点是渲染出来的贴图本身就带有基本纹理和光影信息，但缺点是没有细节纹理，且在近处时纹理比较模糊。

4.3.5 动画制作

① 动画支持：帧动画、骨骼动画。

② 模型动画：单个顶点最多支持 4 个骨骼权重。

③ 一个场景文件不超过 300 个骨骼，单个物体不超过 80 个骨骼。

④ 动画模型格式：FBX。

⑤ FBX 动画缩放不能为零。

⑥ 一般来讲，导出 FBX 文件后，务必再导入建模软件检查模型及动画是否正确。

⑦ 一般来讲，为避免模型文件偏大，模型动画帧率设置为 25 帧。

⑧ 一般来讲，导出为 FBX 后不支持建模软件中特有的动画制作功能。

4.3.6 动画拆分

一般情况下，.fbx 文件（带动画）都有一个默认动作的动画名为 Take 001，该动画名包含了模型文件的所有动画。因此，如果我们需要单独的动画划分，就要对 Take 001 进行分层处理，然后依次保存动画。

分层工具选择 MotionBulider2013，这是由 AutoDesk 推出的 3D 动画制作软件。

打开 MotionBulider2013，然后导入 FBX 文件。FBX 的默认动作名称为 Take 001，总帧数为 7010。我们把 Take 001 的动作裁成 3 段，分别为 Ty1（0—2000 帧）、Ty2（2001—4000 帧）和 Ty3（4001—7010 帧），进行如下操作。

在模型下方的动画下拉条中，选择 Take 002（new），添加新的动画分项。

弹出的对话框里选择 Yes，这时就可以在左下方结构图的 Takes 折叠项中，看到刚刚添加的 Take 002 动画，同样的操作步骤添加动画名 Take 003。

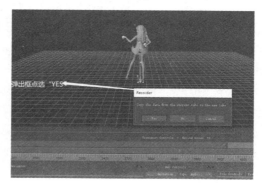

　　新增的模型动画将命名为 Ty1、Ty2、Ty3，因此，在结构树的 Takes 选项下，找到对应的动画名（也就是刚刚添加的 Take 002、Take 003 和最初的 Take 001），然后修改动画名称。注意：动画名称最好为英文、数字和空格的组合，不接受中文字符。

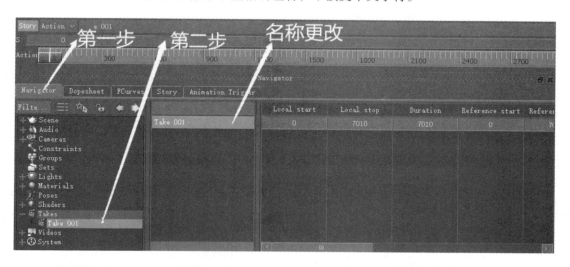

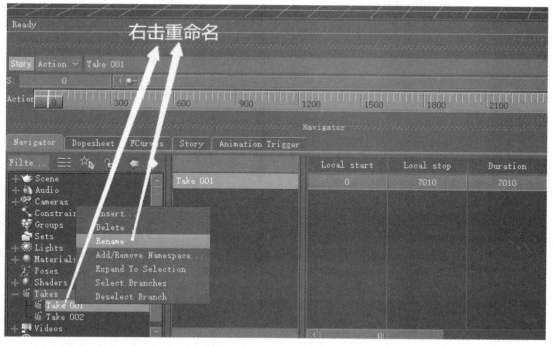

　　新建好动画后，就需要对每个动画设置帧数。我们的需求是：Ty1 为 0—2000 帧，Ty2 为 2001—4000 帧，Ty3 为 4001—7010 帧。

　　——选中 Ty1，在 Locol Start 里输入 0，Locol Stop 中输入 2000。

　　——选中 Ty2，在 Locol Start 里输入 2001，Locol Stop 中输入 4000。

——选中 Ty3，在 Locol Start 里输入 4001，Locol Stop 中输入 7010。

如果想要其他的分帧，直接在起始帧和结束帧内输入对应的帧数范围即可。

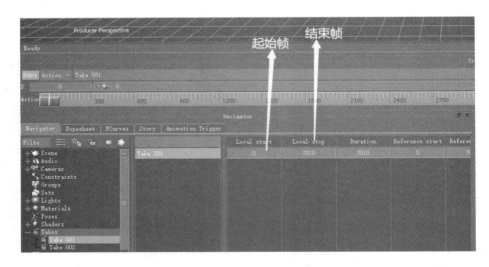

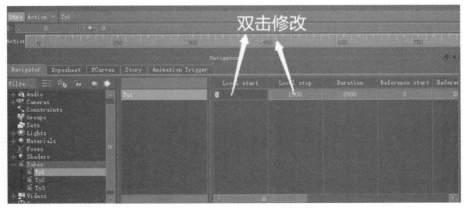

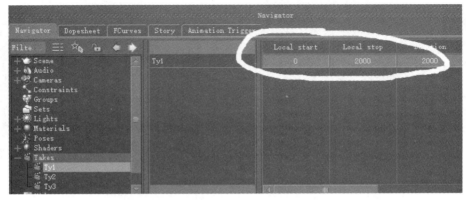

保存后，这个 FBX 文件就从只有一个默认动画 Take 001 变成了包含三个动画的模型文件。只要在编辑器中分别添加三个动画，就可以单独播放动画。

4.3.7 模型导出

① 不带动画的模型可导出 Obj/FBX，带动画的模型务必导出 FBX。

② 模型材质的环境光和漫反射光设置为最亮，建议制作者通过改变漫反射贴图的亮暗来实现最终效果。

③ 带有动画的模型导出设置

a）可以勾选"嵌入的媒体"，或者不勾选"嵌入的媒体"，但是模型贴图的路径必须为相对路径，具体设置如下图。

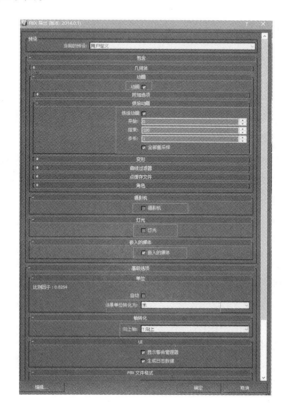

b）烘焙动画选项，建议制作者先不勾选再导出 FBX（减小 FBX 文件的大小），然后放到 AR 程序中测试，如果模型动画不正确再勾选导出。

④ 无动画的模型导出设置

a）导出 Obj。

b）导出 FBX：与"带有动画的模型导出设置"相同，但是不勾选"动画"、"烘焙动画"选项。

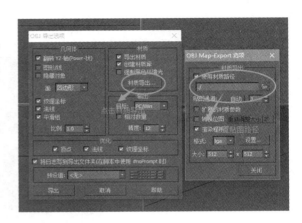

⑤ 导出前其他检查

a）将其他材质球（如烘焙材质球）改为标准材质球，通道为 1，自发光 100。

b）将所有物体名、材质球名、贴图名保持一致。

c）合并顶点（大小要合适）。

d）清除场景，除了主要的有用的物体外，删除一切其他物件。

e）清材质球，删除多余的材质球（不重要的贴图要缩小）。

f）按要求导出 FBX（检查看是否要打组导出）。

g）导出后检查文件夹中文件，删除无用文件；FBX 只保留使用的贴图和模型文件，Obj 只保留使用的贴图、模型文件及 mtl 文件。

h）压缩模型文件夹为 Zip 格式，文件夹为英文命名。

i）压缩为 zip 格式建议使用 WinRAR、7Z、WinZip 的默认 Zip 压缩设置。

4.3.8 定制特性

① 次世代模型效果。

a）为提高 AR 中模型的效果质量，制作者可按照次世代模型标准制作模型，由后台专业的工作人员实现其在 AR 中的效果。

b）支持包括：Albedo（无光颜色贴图）、Specular(高光贴图)、Glossness（光泽度贴图）；Roughness(粗糙度贴图，Smoothness 贴图的反相，需要将其放在 Albedo 贴图或者 Specular 贴图的 Alpha 通道上)、Metallic（金属度贴图）、Normal(法线贴图)、HeightMap(高度贴图)、AO 贴图 (Ambient Occlusiont 环境阻塞贴图)、Emission(自发光贴图)。

c）支持 JPG、PNG、TGA、PSD 等贴图。

② 定制模型特殊效果。

a）制作者在建模软件渲染模型的光影效果，由后台专业的工作人员实现在 AR 中的效果。

b）针对制作者导出 FBX ／ Obj 后模型效果不支持，材质效果不理想等情况，由后台专业的工作人员实现在 AR 中的效果。

③ 粒子特效制作

针对高级制作者，可以制作满足 Unity 使用标准的粒子特效，由后台专业的工作人员实现其在 AR 中的效果。

4.4　AR 视频处理

视频作为一种方便获取、信息承载量大的素材格式，常常被用在 AR 中，本节将针对视频的使用过程中会出现的问题做一些说明。

4.4.1　视频规格规范

① 视频格式：MP4。

② 视频分辨率：1280×720 以内。

③ 视频大小：为保证加载观看时有更好的体验，建议在 30Mb 下。

4.4.2　视频转换须知

① 土豆、优酷等播放网站直接下载的视频，由于编码格式问题基本上都要转换一次（注：如果已为 MP4 格式但编辑器无法识别时，可能是因为视频编码的问题，按照下述参数重新转换一次，可解决大部分问题）。

② 常用的转换工具：格式工厂、狸窝全能视频转换器、MediaCoder x64 等。

③ 推荐参数列表：

a）视频码率：1000Kbps。

b）转换格式：H.264。

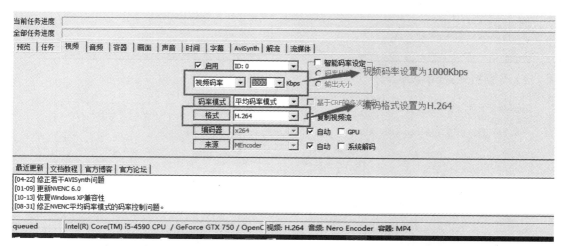

c）最终格式：MP4。

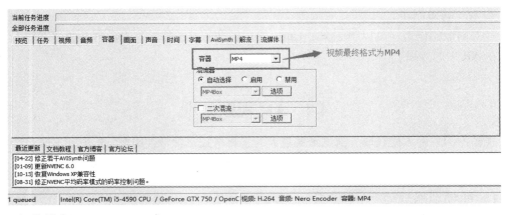

d）分辨率：1280×720 或 720P。

——如果源视频低于 1280×720，按源视频设置。

——如果源视频分辨率比例不是 16：9，建议输出分辨率低于 1280×720。例如源视频为 1920×1440 的 4：3 比例，建议输出设置为 960×720。

e）帧率：建议设置 25，也可保留源视频帧率。

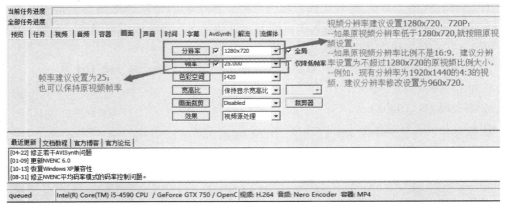

f）音频格式：LC-AAC。

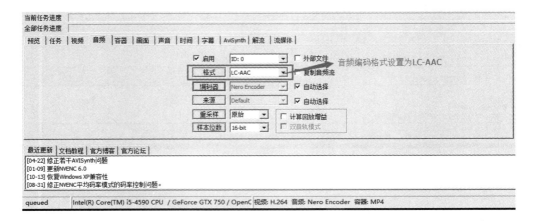

4.4.3 AR 视频与透明视频

AR 云端制作平台可支持的视频素材分为两种类型，在制作 AR 的过程中，两种视频类型需要按照对应的分类来上传，不可交叉。

① AR 视频

一般从网络平台上下载的视频都归于 AR 视频，识别后将以正常的视频格式来播放，示例如下。

制作后，将以视频片的形式呈现在识别图上，识别后可以直接播放，并通过交互功能来控制播放／暂停／停止操作。

② 透明视频

带 Alpha 通道的视频需要特别处理，识别后只出现带图案的地方，背景为透明；透明视频的处理方法可参考 4.4 节。

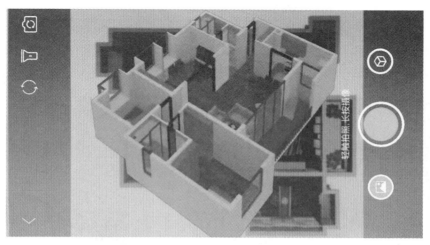

值得注意的是，平台支持的透明视频统一为"左右形式"，如下图。

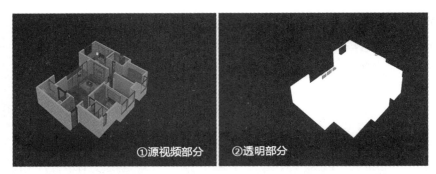

①源视频部分　　②透明部分

　　如果源视频为竖屏模式，则需要旋转 90 度后，再制作成左右分割的透明视频模式，而不能直接处理成上下形式的视频如下。

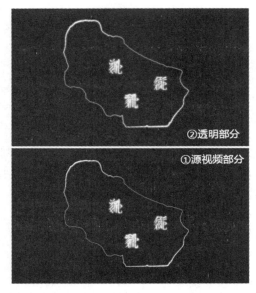

　　上下形式的透明视频在编辑器环境下将被裁剪成两半，影响视频的正常播放。下面为编辑器环境下"左右形式"和"上下形式"的透明视频处理结果，从图中可以明显看到，上下的视频将不再是完整的视频。

4.4.4　透明视频素材制作规范

目前增强现实行业中大屏互动案例大多数是通过透明视频来实现，包括各种人与场景、动作、美女的互动等，很大程度上完美贴合了真实场景，呈现 AR 酷炫的效果。

通过现场绿屏拍摄制作的透明视频效果远高于模型的效果，模型动画渲染带透明通道的序列帧视频是模型最完美的体现形式。

① 带透明通道的视频录制

摄影棚绿屏拍摄真实场景，通过 AE 绿屏抠像技术制作初步透明视频。

将模型动画渲染出序列帧图片（TGA、Tiff 格式），导入 AE 合成初步透明视频。

② AR 云端制作平台能识别的透明视频规格

针对安卓：建议序列帧图片或者带透明通道的原视频分辨率不超过 480P，即不超过 854×480，则转成满足 AR 云端制作平台需要的透明视频分辨率低于 1700×480。

针对 IOS：建议序列帧图片或者带透明通道的原视频分辨率不超过 720P，即不超过 1280×720，则转成满足 AR 云端制作平台需要的透明视频分辨率低于 2560×720。

③ 制作 AR 云端制作平台能够识别的透明视频

将需要制作的视频文件导入 AE，如下图：

在下图红字所在的区域空白处右键，选择"新的合成"创建新的合成视频。

新建合成设置：a) 名称自定义；b) 宽度处设置新合成的宽度（新宽度为原视频的两倍，如原视频宽度为 1024，则此处应设置为 2048）；c) 设置完成后点 OK 确定。

新合成创建完成后如图:

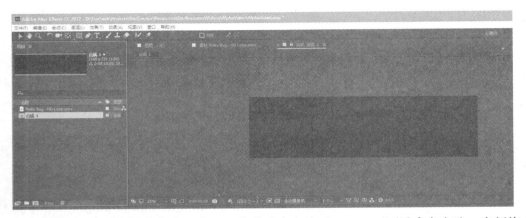

将视频素材左键拖拽至合成 1 窗口,将其重命名为"Pinky_L"(重命名方法:在新拖入的视频名字处右键选择重命名)。

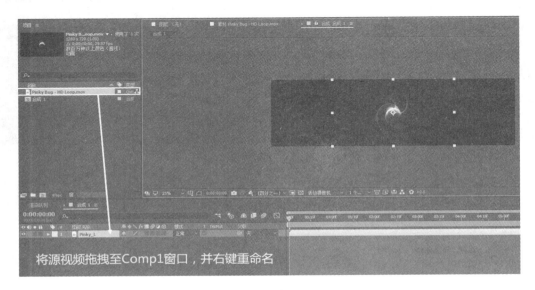

这时在主视窗就可以看到视频素材的内容。接下来修改视频素材的位置让其与主视窗的左边对齐，修改方法是点击视频素材左边的三角符号。在弹出的下拉菜单中选择"位置"。

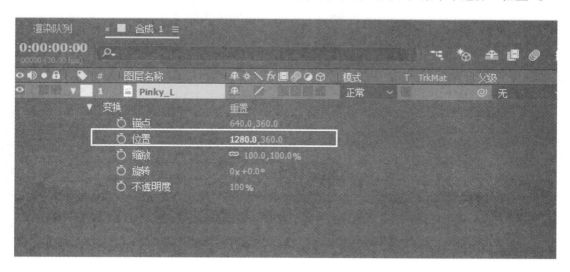

右侧调节 X 轴上的位置。

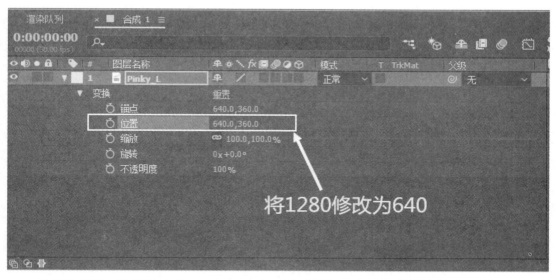

调节完成后，视频素材"man3_1.mov"就完成了与主窗口左边的对齐。

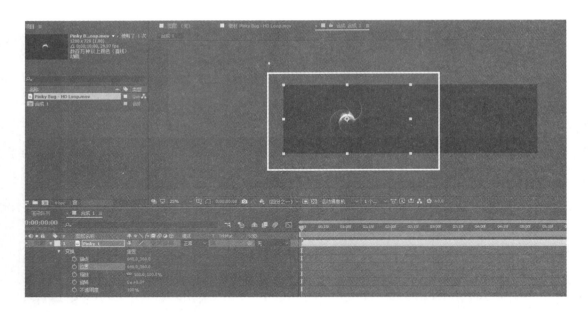

使用同样的办法再次拖拽视频素材到合成1（记得命名为"Pinky_R.mov"），并修改位置让其与主视窗的右边对齐，如下图：

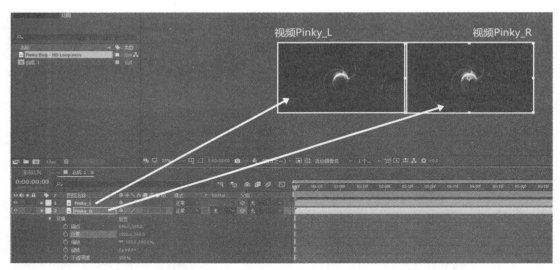

位置对齐后就开始实现视频左边是带颜色右边是黑白的这一要求。方法是：在合成1窗口点击鼠标右键，选择"新建→纯色"创建一个固态层。此时的长宽比例要与视频素材的长宽比例一致。

将新建的固态层拖拽至 man3_1 和 man3_2 之间，然后点击后其中间的方框，如图：

以上内容制作完成，就可以输出一段带透明通道的视频（avi/mov）了。视频规格需求在之前给出的标准规格内。

④ 转换带透明通道的视频为 MP4 格式。

带透明通道的文件导入视频工具转换为 MP4 格式，导出 MP4 格式的具体设置请参考 4.4.2 节。

4.4.5　真人透明视频制作方法

录制准备

① 绿幕背景：绿色幕布作为录制背景，也可使用纯色（非白色）背景。

② 拍照设备：相机、手机等（可将视频导入电脑）。

录制过程

① 真人站在绿幕背景前，拍摄一小段动态视频，可带声音背景。

② 摄制过程建议在明亮的灯光照明环境下进行。

③ 拍摄时长建议在 15s 以内。

处理视频

① 在 AE 中抠出纯色的人像视频，导入拍摄的视频。

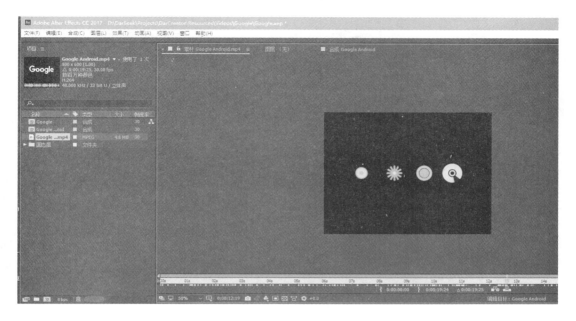

② 新建合成，设置与源视频同样的分辨率、帧率、时长。

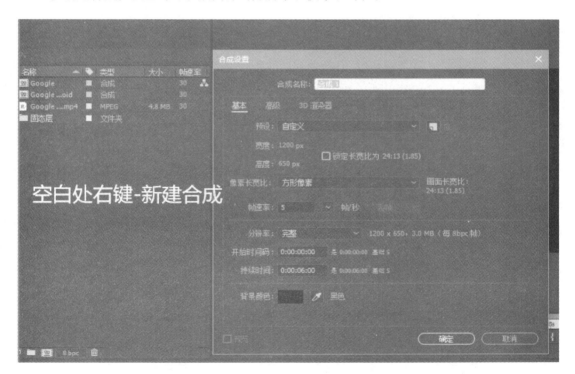

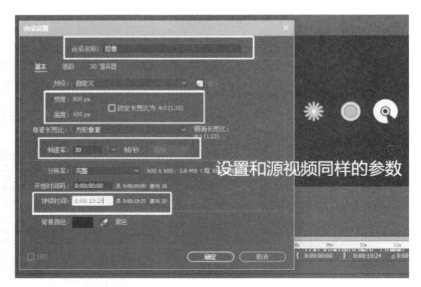

③ 将源视频拖入到新建的合成中。

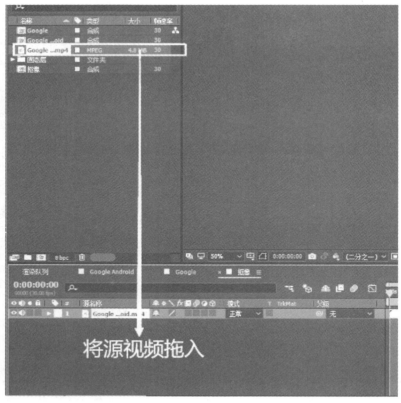

④ 切换视频预览窗口为"透明网格"。

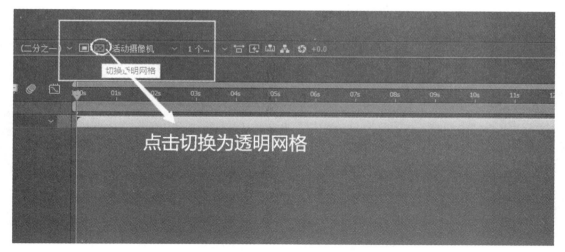

⑤ 选中合成—点击菜单栏—效果—抠像—线性颜色键。

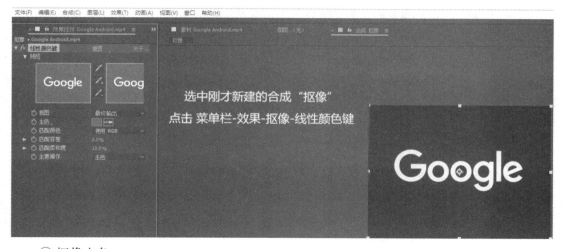

⑥ 抠像去色

⑦ 参数调节

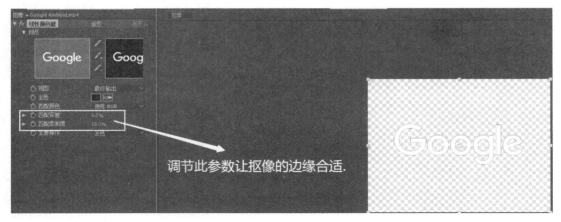

调节此参数让抠像的边缘合适.

⑧ 最终预览

⑨ 按照 4.4 节将抠出的视频转换为平台可使用的透明视频。

制作

在后台的制作平台上，选择"编辑器新建"，在编辑器页面输入场景信息，上传识别图。

在左下方的素材切换区域选择"透明视频"类型，将刚刚处理完成的视频文件上传上去。

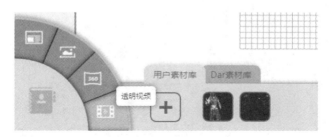

编辑框内调整视频和识别图的相对角度 / 位置。

通过交互功能"AR 视频"控制视频的识别即播放以及循环播放。

效果展示

下图为在 APP 中看到的透明视频的展示效果。

4.4.6 其他视频处理问题

体验 AR 的过程中，若出现：

① 部分视频透明、部分正常不透明的情况，请检查是否将普通的 AR 视频作为透明视频处理了。如是，重新上传视频素材，请保证选择类型无误。

② 播放视频卡顿的情况，请检查视频分辨率是否在推荐分辨率以下（如分辨率较大，会导致部分机型卡顿）。

③需要视频全屏播放，有如下解决方法。

a）使用 AR 视频功能

在视频模板的第三步，通过调整视频的比例来设置全屏播放。

优点：视频模板的制作方式更快速、简便，不需要跳出 APP、跳转到默认播放器播放。

缺点：需要做一次尝试，来调整到最佳比例。

b）使用在线视频功能

在左下角的旋钮中，找到在线视频并点击；通过"＋"号按钮添加视频，视频将出现在编辑框的左上方；勾选属性列表中的"扫描识别到播放在线视频"。

优点：可以实现全屏播放的效果。

缺点：会跳转到系统默认播放器播放。

4.5　章后小结

本章详细地介绍了识别图和各类素材的要求规范，也全面地讲述了作为 AR 中非常实用且展示效果最佳的素材类型之一的模型和视频的处理规则。想要制作出效果炫酷、具有震撼表现力的 AR 场景，除了交互逻辑的设置，各类素材的严格制作和使用也占据着相当重要的地位，所以熟练掌握素材的特点、牢记素材的规范是十分必要的。

巩固训练：

① 如何选择识别效果较好的识别图？上传多张识别图来体验和观察识别效果。

② 熟练掌握 8 种素材的格式规范。

③ AR 视频和在线视频的区别是什么？

④ 透明视频有什么特殊的属性？处理规范是什么？

⑤ 试着创建一个符合平台使用要求的模型。

AR 云端制作平台教程制作实训

5.1 AR 云端制作平台编辑器案例制作

利用模板制作 AR 场景只能添加一项素材，不能进行交互设置，所以在可以熟练使用模板制作各类 AR 场景之后（或者是对于 AR 有一定的了解和基础的用户），用户可以进一步使用编辑器来制作交互更加复杂多样的 AR 场景。

进入平台主界面，选择"编辑器新建"。

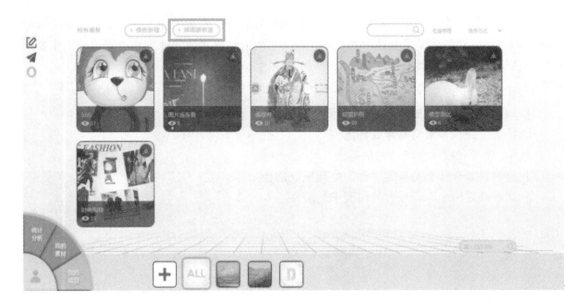

下面就根据素材不同的表现效果，将不同的交互方式进行组合，为大家详细介绍如何用编辑器制作素材丰富、交互复杂、适用于不同场合的 AR 场景。

5.1.1　电影海报案例

本节将较全面介绍如何制作"多个按钮点击切换显示图片 / 视频"的方法，这种形式经常被运用在杂志广告 / 宣传册 / 产品介绍等地方。

准备

本次案例的场景由三张按钮图片 + 三张显示图片 + 一个带动画的模型组成。

① 扫描识别到时显示三个按钮图片。

② 点击三个按钮图片，切换出现三张显示图片（同一时间只存在一张显示图片）。

③ 点击其中一张图片，将显示模型、自动播放动画。

要点

① 图片的切换由显示 / 隐藏交互功能来实现，显示和隐藏为两种不同的操作结果，所以同一个触发动作下的切换需要由两个交互功能来实现（一个显示，一个隐藏）。

② 本案例中，需要展示的所有素材都不设置动态加载，以避免切换过程中的不流畅等问题。

③ 本案例所使用的素材内容较多，可提前在"我的素材"页面下将图片上传至素材库以待使用。

制作

在主页最上方有两个新建按钮，我们选择"编辑器新建"，输入场景的基本信息：所属项目、场景名称、识别图。添加完成后，进入编辑器。

先上传图片素材：在左下方素材栏中找到图片，点击列表条内的"+"依次添加。

点击图片缩略图，将图片素材添加到编辑器页面上（识别图上）；通过旋转、缩放和移动按钮，或者对象属性栏的数值调整图片的位置和大小；修改对应素材名，以作区分（本例中，按钮图片名对应为 A、B、C，其点击后出现的图片名对应为 A1、B1、C1，模型名

"model_1")。

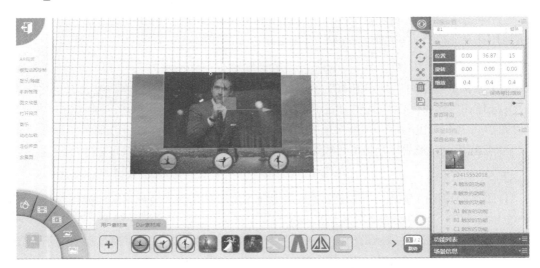

添加交互功能

素材全部上传后，可以开始添加交互功能了。为了实现"图片点击切换"的目的，需要用到"显示 / 隐藏"的功能。

初始扫描图片时，先出现三张按钮图片（A、B、C），因而在左侧交互功能中选择"显示 / 隐藏"，功能设置对象为"A1，B1，C1，model-1"，触发时机为"扫描识别到"。

首先设置图片 A1 的交互：点击图片 A1，出现模型、自动播放模型动画；在左侧交互功能中选择"显示 / 隐藏"，显示对象为模型 model_1，隐藏对象为 A1，触发时机为"A1 被点击"。

model-1 显示：

A1 隐藏：

同时，"模型动画控制"里设置 model-1 的动画 "Take-001"播放，触发时机同样为 "A1 被点击"。

之后设置图片的切换交互逻辑：点击 A，A1 显示，B1、C1、model-1 隐藏。 A1 显示：

B1、C1、model-1 隐藏：

同理，设置"点击 B，A1、C1、model-1 隐藏，B1 显示"、"点击 C，A1、B1、model-1 隐藏，C1 显示"的两组交互。

最后，在右侧的功能列表和场景结构内检查展示信息和交互功能后，点击"保存"，完成场景的创建。点击左上角返回按钮，返回后台主页，即可查看项目二维码和识别图，使用 AR 云端制作平台 APP 可以查看最终效果。

5.1.2 婚礼卡片案例

本节将介绍一个 AR 婚礼卡片的案例。

准备

本案例的婚礼卡片场景由三张无交互的图片 + 一段透明视频 + 一段音乐视频组成。
① 扫描识别到时即呈现第一张图片,点击图片即可切换到下一张,以此类推。
② 透明视频和音乐视频从头至尾循环播放。

要点

① 背景音乐的播放需要通过"预先上传音乐"—"音乐交互功能"的步骤来实现。
② 透明视频的循环播放需要通过交互功能来控制。

新建场景

在页面最上方有两个新建按钮,这里选择"编辑器新建"。

系统将自动跳转到编辑器的页面,输入场景的基本信息,进入编辑器。

编辑素材属性

识别图将出现在三维编辑框的中心,右侧功能栏暂时无法操作。

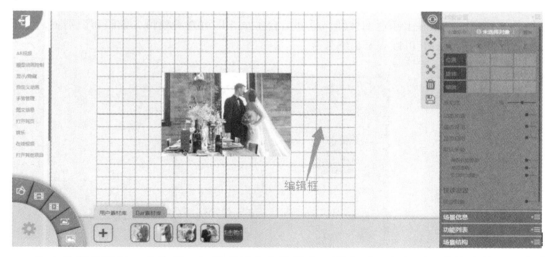

先上传图片素材。小技巧:如果素材内容数量多,那么可以在主页"我的素材"下先将内容全部上传完成。本案例中将由编辑器内部来上传:在左下方素材栏中找到图片,点击列表条内的"+"进行添加。

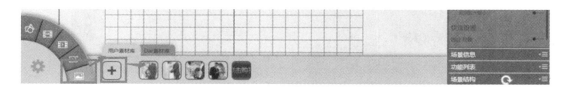

点击图片缩略图，将图片素材添加到编辑器页面（识别图）上；通过旋转、缩放和移动按钮，或者对象属性栏的数值调整图片的位置和大小（为了最后的呈现效果，最好将所有的图片素材都调整成一排）。

用同样的方法上传透明视频到用户素材库，调整视频位置和大小。

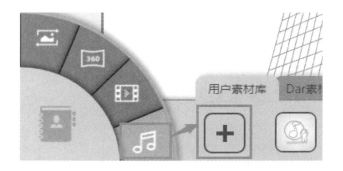

至此，本案例所需的素材就全部加载、调整完毕了。

添加交互功能

素材全部上传完后，可以开始添加交互功能了。为了实现"图片点击切换"的目的，需要用到"显示 / 隐藏"的功能。

初始扫描图片时，先出现图片 image-1，另外两张图片 image-2、image-3 为隐藏状态，因而在左侧交互功能中选择"显示 / 隐藏"，触发时机为"扫描识别到"。

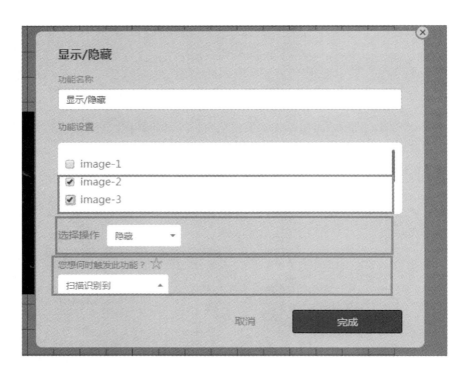

之后的交互逻辑为"点击 image-1，image-1 隐藏，image-2 显示"。

image-1 隐藏：

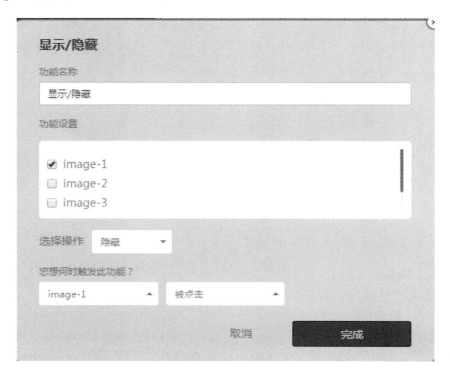

image-2 显示：

同理，设置"点击 image-2，image-2 隐藏，image-3 显示"和"点击 image-3，image-3 隐藏，image-1 显示"的两组交互。

设置两个视频的播放交互，需要用到"AR 视频"功能（为了使视频的播放功能更流畅，可以设置成为"点击图片，播放视频"）。

透明视频：

背景音乐：

音乐控制

功能名称

音乐

功能设置

小幸运 (粤语版)-音乐热搜 ▼   播放 ▼   ☑ 循环播放

您想何时触发此功能？

扫描识别到 ▲

取消   完成

最后，在右侧的功能列表和场景结构内检查展示信息和交互功能后，点击"保存"，完成 AR 婚礼卡片的制作。

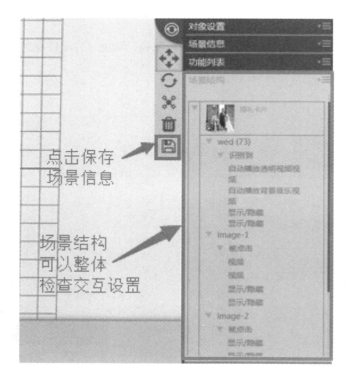

左上角返回按钮，返回后台主页，即可查看请柬场景的项目二维码和识别图，使用 AR 云端制作平台 APP 可以查看最终效果。

5.1.3　时尚购物案例

下面以在电商领域应用颇多的"时尚购物"场景为例，介绍如何制作包含图片、模型并执行"打开网页"等交互功能的场景。

准备

购物案例由五张可交互的图片＋一个模型动画组成。

①购物标签将跳转至相应的淘宝链接，进行一键购买。

②鞋子标签将呈现鞋子的模型，可查看、可购买。

场景制作

进入编辑器后，依次添加"鞋子""丝巾""大衣""外套"和"点击购买"的图片标签（图片素材）以及"鞋子"模型（模型素材）。添加好素材后，利用界面右侧的三维轴调整素材的位置和大小，调整后的界面如下图所示。

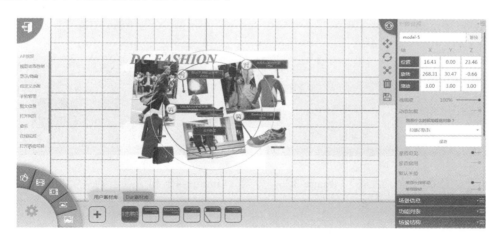

设置功能

交互逻辑说明：①扫描后对应位置浮现四个标签；②除鞋子外的标签，跳转链接；③点击鞋子标签，其他标签隐藏，鞋子模型在识别图中间从小旋转放大（可手势旋转）；④鞋子下方出现购买的图片，点击则跳转至购买链接。注意：因为在扫描识别图时，只能显示四个标签，所以"鞋子"模型（model-5）和"点击购买"图片首先隐藏起来。

设置"鞋子"模型和"点击购买"图片的隐藏，将触发时机设为"扫描识别到"。

设置点击标签、跳转网页的交互，点击左侧功能栏中的"打开网页"按钮，将丝巾（image-2）的购买链接粘贴在网址栏，并设定当图片被点击时触发"打开网页"功能。

同理，依次设置"大衣"（image-3）、"外套"（image-4）和"点击购买"（image-6）图片素材的打开网页的交互功能。

设置点击"鞋子"标签（image-1）时，"丝巾""大衣"和"外套"三个标签的隐藏交互设置，点击左侧功能栏中的"显示/隐藏"。

设置点击"鞋子"标签时，"鞋子"模型和"点击购买"图片出现的交互设置，点击"显示/隐藏"。

编辑器界面右侧的"对象设置"中，通过针对模型进行默认手势的设置，即可对模型实现"手势旋转"的功能要求。

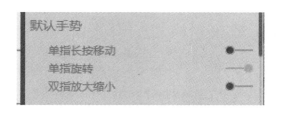

将所有素材的功能交互设置完成后，点击"保存"，进行场景保存，保存成功后点击左上角的"返回"回到后台，即可查看时尚购物场景的项目二维码和识别图，使用 AR 云端制作平台 APP 可以查看最终效果。

5.1.4 早教卡片案例

下面以在教育领域应用颇多的"早教 AR 卡片"场景为例，介绍如何制作包含模型动画、音频解说等交互功能的场景。

准备

早教卡片案例由四段解说音频（大象／大象 EN／非洲的大象／非洲的大象 EN）＋一个模型动画组成。

① 扫描早教卡片出现大象的模型动画，点击缩放旋转移动查看。

② 点击图片按钮，分别播放大象的中英文解说。

场景制作

进入编辑器后，上传早教卡片识别图片并导入编辑器中，如下图所示。

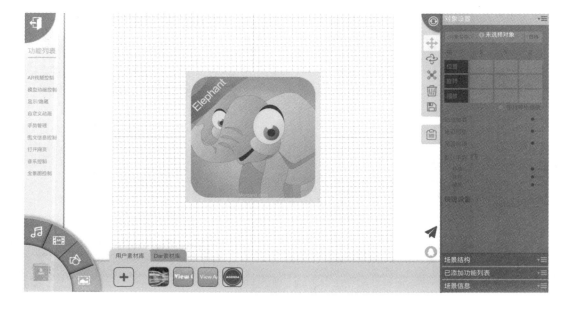

导入大象模型动画和 4 段解说配音以及中英文切换按钮，如下图所示。

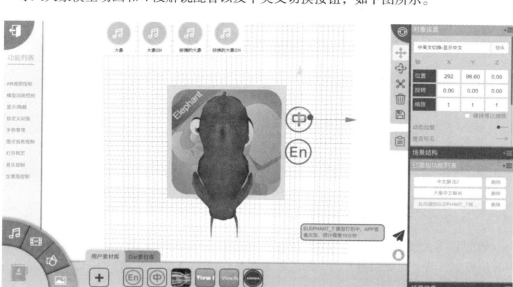

设置大象模型扫描到早教卡片后播放模型动画以及点击模型缩放旋转移动如下图所示。

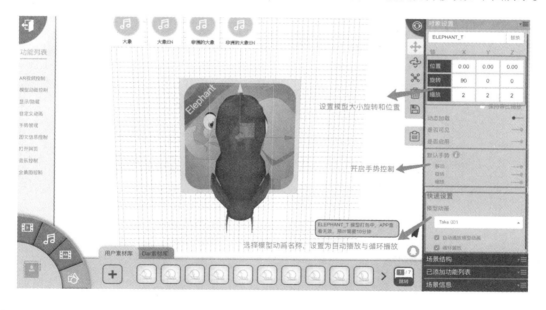

一般来讲，模型的大小位置与旋转需要结合实际使用者的视角来调节，比如早教卡片是印刷好的实物卡片，放在桌上，在这样的视角下"大象"模型应该"站在"卡片上。

上传中英文按钮图片，点击"中文"按钮播放"大象"音频。

我们想让"大象"音频播放结束后立即播放"非洲的大象"音频，当然如果这两段音频没有其他控制交互，也可以合并为一段音频来控制。

同样，依据上述两个步骤，便可以做出点击"英文"图片播放英文解说。

5.1.5 博物馆导览案例

下面以在艺术展示领域应用颇多的"博物馆导览"场景为例，介绍如何制作包含模型动画、音频解说、透明视频动画等交互功能的场景。

准备

一般来说，博物馆导览主要是帮助游客了解博物馆藏品的特点及历史背景，这里我们分别针对两件藏品制作场景。

场景 1：扫描博物馆藏品（笑佛）出现笑佛的模型动画和相关解说。

场景 2：扫描博物馆藏品（弋射图）开始播放介绍弋射图相关历史背景的视频。

项目与场景制作

新建项目后使用编辑器新建场景1，先导入"笑佛"识别图（使用拍摄好的藏品图片作为识别图），如下图所示。注意：关于藏品图片的拍摄，为了保证良好的识别效果，一般来讲，在采集识别图的时候，需要在合适的光线下拍摄面向游客一面的图片。

导入"笑佛"模型和解说配音，项目进行中考虑到"笑佛"的动画和音效很短，不建议循环播放。模型动画结束后，用户点击"笑佛"模型便能再次播放，如下图所示。

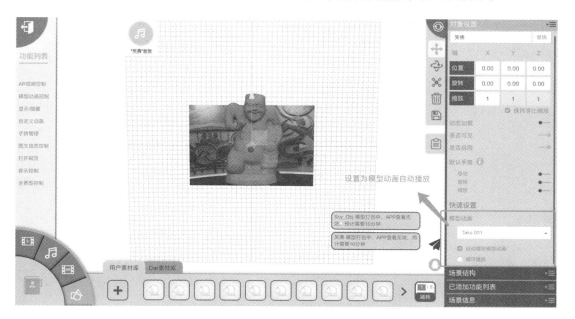

　　设置模型播放时同时播放音效。为了保证配音与模型动画协调一致性，需要让音效播放依赖于模型动画的播放，如下图所示。

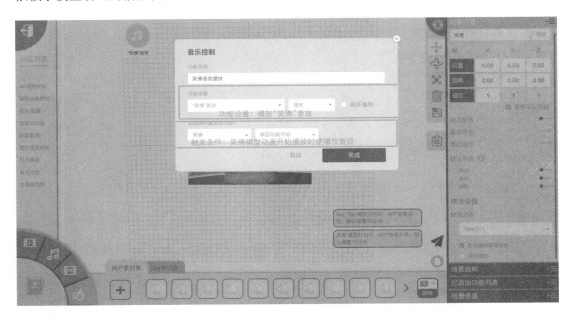

　　点击"笑佛"模型开始播放动画，由于触发条件"笑佛模型播放动画开始播放"会触发播放"笑佛"音效，所以点击模型后，模型动画和音效便能同时播放。

　　新建场景 2，先导入"弋射图"识别图，如下图所示。

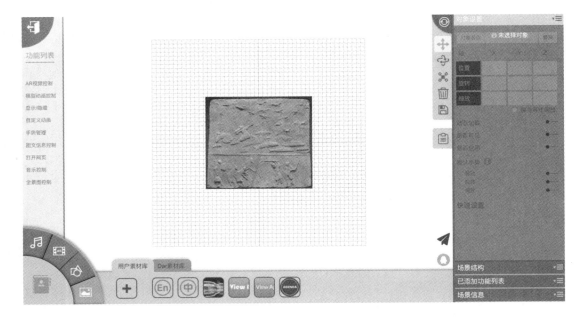

导入透明视频，设置透明视频"自动开始播放"以及"循环播放"。

5.1.6　智慧旅游案例

旅游在人们生活中占有十分重要的地位，但是想要在短暂的旅途中认识、融入一个陌生的城市、陌生的生活是非常困难的；甚至一次次的外出只能收获千篇一律的游客照，然后将它遗忘。AR 技术与旅游行业的结合让"读万卷书，行万里路"成为可能：当你行至景点时，只需要拿出手机、扫描景点实景，就可以了解到相关的文化背景，并且将你的感触以留言的形式留在当下。

下面将以恩施州的智慧旅游地图案例为模板，介绍智慧旅游案例的制作方法。

准备

本案例的展示分为三个部分，当扫描到识别图后依次出现：

① 一段黄河桥峰林的视频介绍该景点，点击播放按钮播放 AR 视频，点击视频暂停视频播放。

② 视频开始播放时，两张图片按钮控制解说的播放和暂停。

③ 三张景区风景图片切换显示。

④ 整个场景共计：一段视频＋三张图片（视频控制按钮）＋一段解说音频＋两张图片（音频控制按钮）＋三张图片（景区风景）。

场景制作

新建一个名为"智慧旅游"的项目（也可使用以前的项目），完成后使用"编辑器新建"新建一个编辑器场景，在场景信息页面输入场景名、识别图、所属项目等相关信息。

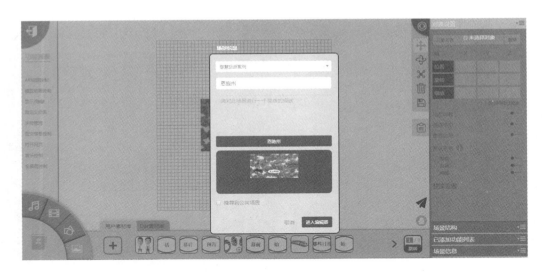

进入编辑器后,识别图将出现在三维编辑框的正中心,对象设置为灰色。接下来将准备好的素材依次上传至编辑器内,并修改对应的素材名以便于接下来的交互设置。

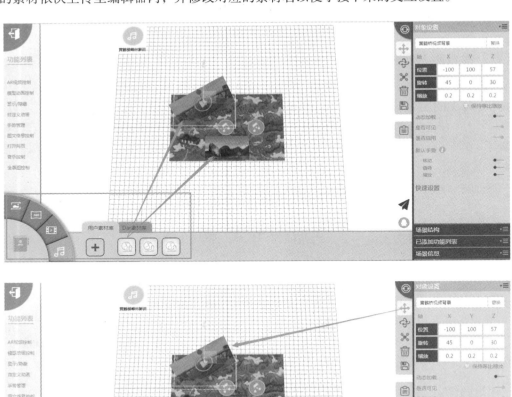

①"视频播放按钮"和"视频暂停按钮"这两张图片由于有一个显示切换的交互，因而需要重合在同一位置。

②同理，"解说播放按钮"和"解说暂停按钮"这两张图片和三张景区风景图片也需要分别重合在同一个坐标位置。

③可以通过右侧"对象设置"中的坐标设置框来操作。

交互设置

素材上传完成后，开始整个场景交互功能的添加。从逻辑上来说，我们把场景下的所有交互分为三大部分：第一部分以视频为主体，主要控制视频的播放和暂停操作；第二部分以解说音频为主体，主要控制音频的播放和暂停操作；第三部分以风景图片为主体，主要控制风景图片的连贯切换显示。

① 第一部分——视频

视频的操作由一个视频片＋一个播放按钮＋一个暂停按钮组成；识别一开始，视频片和播放按钮显示，暂停按钮隐藏。

暂停按钮隐藏：

点击"视频播放按钮"，视频播放，"视频播放按钮"隐藏：

AR视频控制

功能名称

黄鹤桥峰林视频初次开始播放

功能设置

| 黄鹤桥峰林视频 ▾ | 播放 ▾ | ☐ 循环播放 |

您想何时触发此功能？

| 视频播放按钮 ▲ | 被点击 ▲ |

取消　　　　**完成**

显示/隐藏

功能名称

视频播放按钮隐藏

功能设置

☑ 视频播放按钮
☐ 黄鹤桥视频背景
☐ 黄鹤桥峰林视频

选择操作　隐藏 ▾

您想何时触发此功能？

| 视频播放按钮 ▲ | 被点击 ▲ |

取消　　　　**完成**

点击视频，视频暂停播放，"视频暂停按钮"显示：

AR视频控制

功能名称

黄鹤桥峰林视频暂停

功能设置

| 黄鹤桥峰林视频 ▼ | 暂停 ▼ |

您想何时触发此功能？

| 黄鹤桥峰林视频 ▲ | 被点击 ▲ |

取消　　**完成**

显示/隐藏

功能名称

显示视频暂停按钮

功能设置

☑ 视频暂停按钮
☐ 解说播放按钮
☐ 解说暂停按钮

选择操作　显示 ▼

您想何时触发此功能？

| 黄鹤桥峰林视频 ▲ | 视频暂停 ▲ |

取消　　**完成**

点击"视频暂停按钮"，视频继续播放，"视频暂停按钮"隐藏：

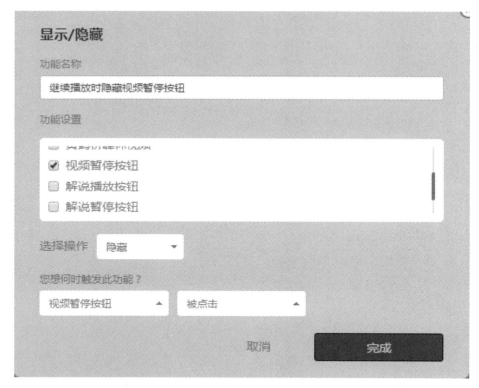

② 第二部分——音频

音频的播放同样由一段解说音频 + 一个解说播放按钮图片 + 一个解说暂停按钮图片组成。

点击"解说播放按钮",解说音频开始播放,"解说播放按钮"隐藏:

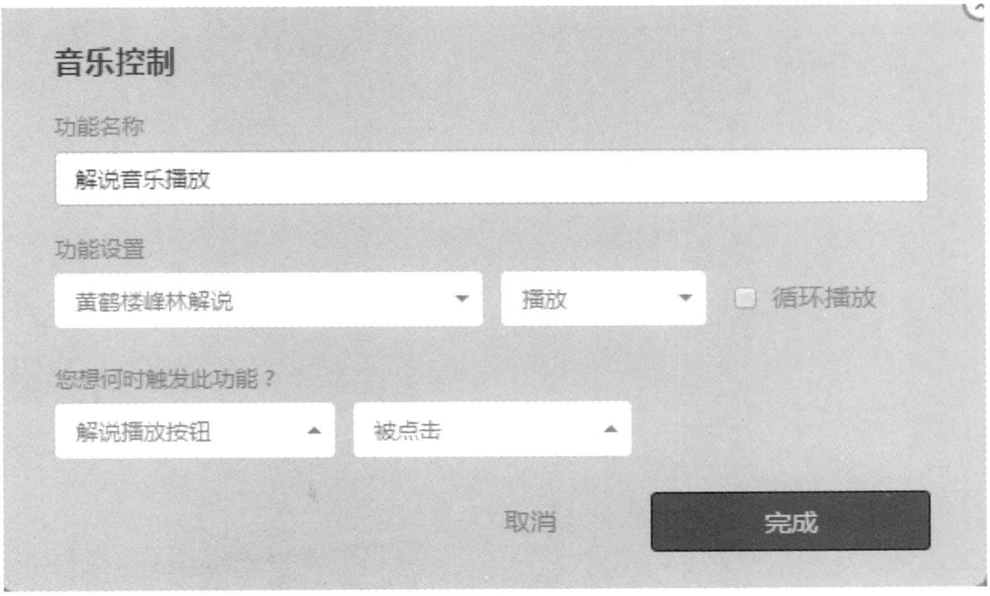

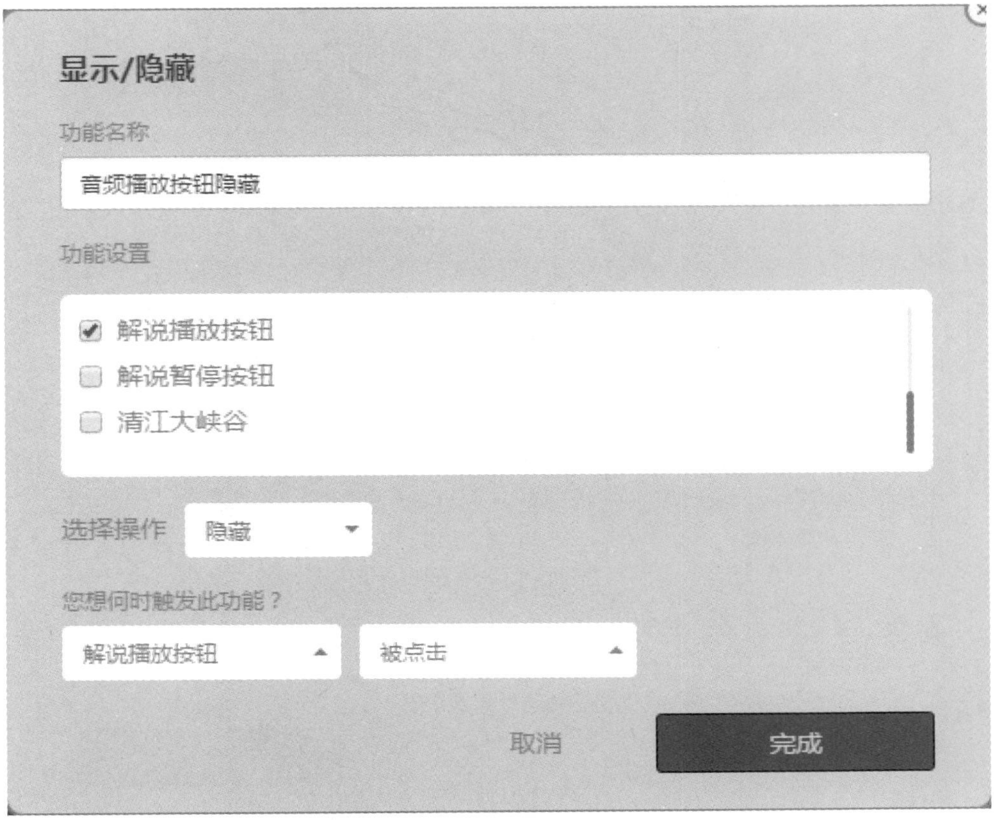

音乐控制

功能名称

解说音乐播放

功能设置

| 黄鹤楼峰林解说 ▼ | 播放 ▼ | ☐ 循环播放 |

您想何时触发此功能？

| 解说播放按钮 ▲ | 被点击 ▲ |

取消　　　　完成

显示/隐藏

功能名称

音频播放按钮隐藏

功能设置

☑ 解说播放按钮
☐ 解说暂停按钮
☐ 清江大峡谷

选择操作　隐藏 ▼

您想何时触发此功能？

| 解说播放按钮 ▲ | 被点击 ▲ |

取消　　　　完成

音乐开始播放后，"解说暂停按钮"显示：

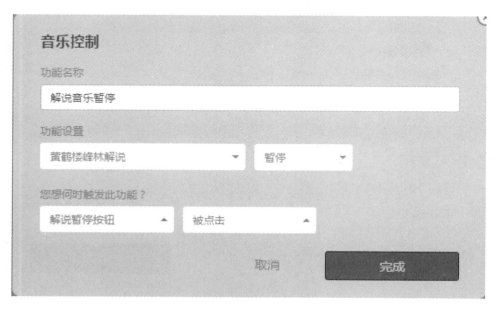

点击"解说暂停按钮"，解说音频暂停，"解说暂停按钮"隐藏 ，"解说播放按钮"显示：

③ 第三部分——图片

风景图片的切换展示由三张图片构成。

点击"清江大峡谷 1","清江大峡谷 2"显示,"清江大峡谷 1"隐藏:

点击"清江大峡谷 2","清江大峡谷 3"显示,"清江大峡谷 2"隐藏:

点击"清江大峡谷 3"，"清江大峡谷 1"显示，"清江大峡谷 3"隐藏：

至此，整个旅游场景的交互都设置完成了，点击保存按钮，保存场景后返回后台页面，即可用 APP 扫描场景的项目二维码和识别图来体验整个场景流程。

5.1.7　儿童娱乐早教案例（陀螺仪模式＋默认场景识别）

AR 下的"VR 模式"体验一直是一种期待值较高的功能，它允许用户在无识别图的情境下也能看到 AR 效果，极大地降低了使用复杂程度，在线下的大型活动中得到了广泛的应用。"VR 模式"体验也叫无图识别模式，是使用编辑器提供的两大功能"AR 模式"和"默认场景"来实现的。本案例将呈现这一模式的使用方法。

准备

本案例的展示分为两个步骤：

①识别后，一张图片＋一个视频片出现在屏幕上，同时背景音乐播放，手机摄像头移开则看不到内容，只有回到之前的定位才能看到。

②进入项目的时候，直接打开上述场景，无须扫描识别图的过程。

新建项目

在开始制作场景前，需要新创建一个项目，作为该 VR 场景的专属项目，这样才能触发默认场景的功能。登录后，在首页下方的项目列表中点击"＋"号开始新建项目。

弹出的页面中依次输入项目名、描述（可选）、项目封面图（将展示在 APP 上）、默认公开和本地识别，并保存，即可看到刚刚添加的项目出现在项目列表中。

场景制作

首页最上方选择"编辑器新建"，开始创建编辑器场景；在弹出的页面中填写场景的基本信息和识别图等内容，所属项目选择刚刚创建的项目名。

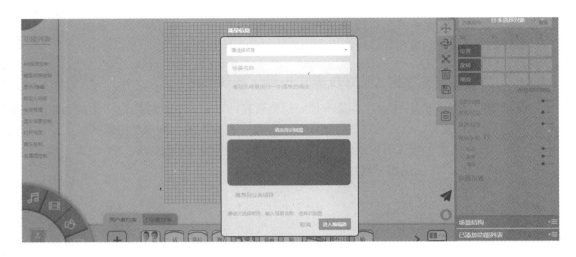

输入完成后，进入编辑器开始制作。

在编辑器页面的最下方选择对应的素材列表，上传素材，并且通过右侧的工具条和位移数值框来调整素材的相对位置和大小。值得注意的是，背景音乐需要提前作为一种素材来上传。

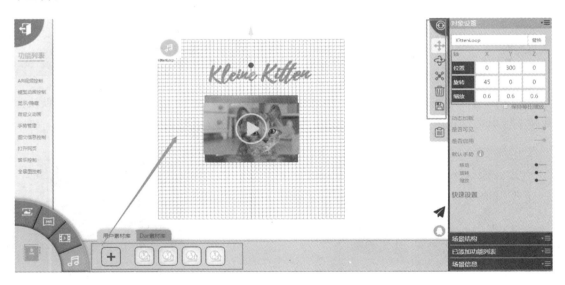

调整完成后开始设置交互功能，该教程下的交互较为简单，主要包括以下方面。

视频自动循环播放

视频片的快速设置处默认勾选"自动播放视频"选项。

　　左侧交互功能列表中选择"AR视频控制"功能，设定为当扫描识别到时自动播放视频并循环播放。

背景音乐播放

　　背景音乐的播放在视频开始后同步开始，因此左侧功能列表中选择"音乐控制"，设定为视频开始播放的时候音频播放并循环播放。

VR 模式设置

　　要实现场景的无图识别，需要以下两个操作步骤。

① 将场景的 AR 模式设置为陀螺仪模式

在编辑器页面下，点开右侧的"场景信息"栏，找到"识别丢失时"选项，在下拉菜单中选取"陀螺仪模式（适合模型）"，确定并保存（AR 模式的详细介绍可参考 2.5 节）。

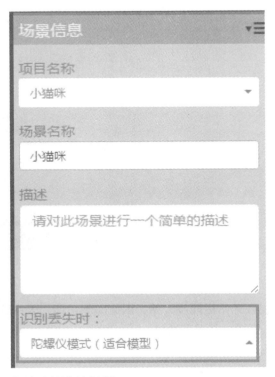

② 将当前场景设置为项目的默认场景

上述步骤完成后，即可保存场景，返回后台首页。首页右侧所属框旁有一个"设置默认场景"的功能，点击，在弹出的页面中选择默认场景，下拉列表中选择场景名，并将 AR 模式同样勾选"陀螺仪模式（适合查看模型）"。

设置完成后，可以看到，在场景的右上角出现了默认场景的标识图标。

以上步骤完成后，该场景的 VR 识别即完成。当打开项目时，就可以看到我们刚刚创建的场景内容浮现在空中了。

5.1.8　眼镜试戴案例

基于人脸的眼镜试戴也是当前市面上出现较多的一种 AR 体验，此种展示能有效地将眼镜产品的样式和特性都真实地呈现出来，让使用者可以在线挑选眼镜并查看试戴效果，极大地促进电商行业的销售。

虽然 AR 制作平台目前暂不完全支持人脸试戴的制作，但是我们可以在编辑器中模拟人脸的效果，以达到眼镜试戴的制作目的。

准备

在开始制作前，我们需要为眼镜场景准备一些素材，包括一个人脸的模型 + 一副眼镜的模型。

① 脸模型将在扫描识别到的瞬间隐藏。

② 眼镜在识别丢失后的 AR 模式为"陀螺仪模式"。

场景制作

后台首页上选择"编辑器创建"，开始制作编辑器场景；在弹出的页面中输入所属项目、上传识别图，完成后进入编辑器。

左侧下方选择模型素材列表，上传人脸的模型，并通过右侧的工具条和"对象设置"中的数值框设定人脸的相对大小。为达到人脸为主的效果，需要将人脸模型放大至可以遮挡识别图。

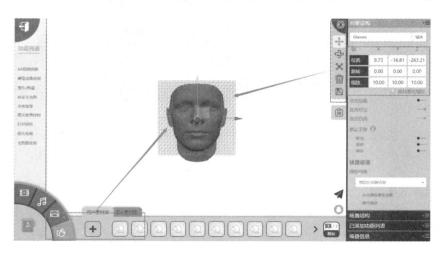

接着上传眼镜模型，同样调整位置，至人脸模型眼睛的位置。

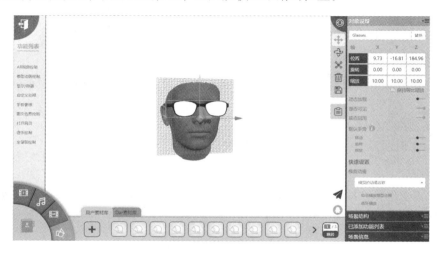

至此，模型就上传完成了。值得注意的是，由于模型的设置暂时无法立刻体现在编辑器中，需要通过扫描查看来微调眼镜的具体位置，以达到最佳的效果。

交互设置

本案例中的交互分为以下两步。

① 人脸模型的隐藏

左侧交互功能中选择"显示 / 隐藏"功能，在弹出的页面中设定人脸模型"Head"在"扫描识别到"的时候"隐藏"。

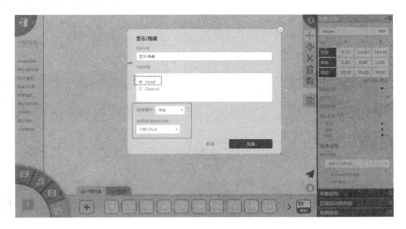

② 场景的 AR 模式设置

打开右侧的"场景信息"版块，找到"识别丢失时"的设置菜单，在下拉列表中选择"陀螺仪模式"，这样即使识别丢失，眼镜的模型也会出现在屏幕设定中的位置，满足试戴效果。

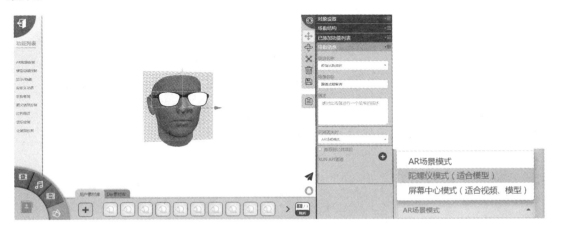

设置完成后，保存整个场景，眼镜试戴的案例即制作完成。

本案例只是使用编辑器模拟人脸试戴的环境体验，并不是基于"面部识别"技术的体现，因而，实际效果不能完全代表"面部识别"的最终呈现效果。

5.2 高级功能应用说明

5.2.1 Unity 模板

Unity 模版主要帮助开发者定制更为灵活的 AR 交互事件与 AR 界面设计，具体来说包括以下三方面。

① AR 内容的灵活定制，开发者可在 Unity 中灵活地编辑场景内容，包括 3D 模型动画、粒子特效、图像序列特效、声音等，借助 Unity 内置功能或者第三方插件编辑制作场景内容，最终制作出更加酷炫真实的 AR 内容。

② AR 交互事件的灵活定制，开发者借助 DarCreator 提供的 XunAPI 和 Unity 自身相关接口制作更加丰富交互事件。

③ AR 界面设计的灵活定制，开发者借助 DarCreator 提供的 XunAPI 修改增加 App 本身的 AR 扫描界面的 UI，制作出满足自身场景需要的 UI 风格。

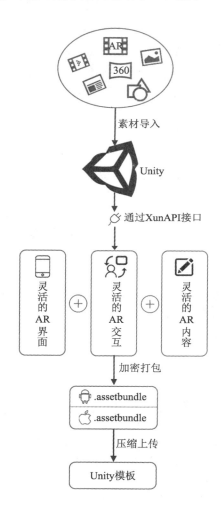

5.2.2　Unity 模板案例：AR 小恶魔

本章将使用 Unity 模板来制作一个小恶魔 AR 效果：使用 APP 扫描小恶魔的识别图后，将会出现一个卡通的小恶魔 3D 形象，并伴随着一个出场的音效；点击屏幕任何位置，播放小恶魔飞舞并射箭的动作，随后播放一个 UI 视频，该视频内容是一个屏幕被箭射中并碎裂的视觉效果与音效。

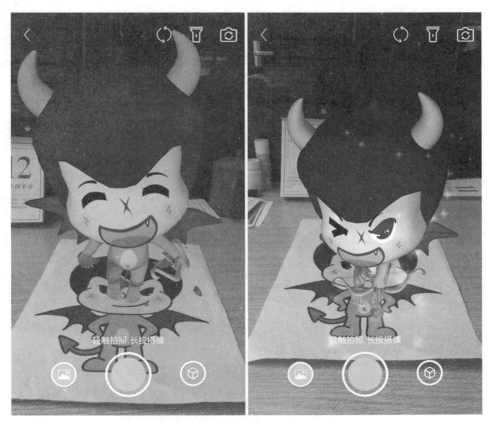

小恶魔 AR 展示效果

制作要点

① 小恶魔上的粒子特效要放在相应的骨骼节点上，以保证在动画播放时有正确的位移和表现。

② 模型的大小与识别图的尺寸是匹配关联的，要先确定好尺寸比例，本章中我们将识别图确定为 500px 宽。

③ 因为粒子特效不能缩放，所以要在开始制作的时候就确定，不可以后期去整体缩放。

代码编写

首先进行小恶魔模型相关的控制代码编写，包括类的定义、模型的粒子特效以及点击事件触发的动画效果。

① 按照平台提供的 XunAPI 编程接口定义，完成类的定义，详见 API 说明。

```lua
1  --分界的恶魔的逻辑
2  if not GameObject then
3      import 'UnityEngine'
4  end
5  G_InstRef = G_InstRef or nil
6  DividingEvilAR = {}
7  function DividingEvilAR:new( luaWrapper )
8      print('初始化DividingEvilAR,该类实现恶魔的逻辑')
9      local o = {}
10     setmetatable(o,self)
11     self.__index = self
12     --成员
13     self.luaWrapper = luaWrapper
14     self.target = luaWrapper.gameObject --恶魔模型
15     DividingEvilAR.Inst = o
16
17     G_InstRef = self
18
19     return o
20 end
```

② 完成对模型上的粒子特效、音效、动画的控制与状态切换。

```lua
21  function DividingEvilAR:Start()
22      --资源关联类
23      self.c = self.target:GetComponent('children')
24      --音效
25      self.audioSrc = self.target:GetComponent(AudioSource)
26      self.audioClip0 = self.c.array_children[1]
27      self.audioClip1 = self.c.array_children[2]
28      self.audioClip2 = self.c.array_children[3]
29      --动画
30      self.targetAnim = self.target:GetComponent(Animator)
31      self.animClip0 = 'Idle'
32      self.animClip1 = 'One'
33      self.animClip2 = 'Two'
34      --特效
35      self.fxs = self.target:GetComponentsInChildren(ParticleSystem)
36      self:SetFX(false)
37      --app中的灯光
38      self.appLight = GameObject.Find('Light')
39      if not Slua.IsNull(self.appLight) and Slua.IsNull(self.appLight.transform.parent) then
40          self.appLight:SetActive(false)
41      end
42      --视频播放类
43      self.videoPlayer = GameObjectEX.SearchChildW(self.target,'videoPlayer'):GetComponent(LuaComponentContentFix).ClassInst
44
45      self:RegAnimEvent()
46      LuaMsgSystem.RegMsg("lostTracking",DividingEvilAR.OnLostTracking)
47
48      self.audioSrc.clip = self.audioClip0
49      self.audioSrc:Play()
50      self:RemoveAppGesture()
51  end
52  function DividingEvilAR:OnEnable()
53      self:SetFX(false)
54      if not Slua.IsNull(self.appLight) and Slua.IsNull(self.appLight.transform.parent) then
55          self.appLight:SetActive(false)
56      end
57      self.targetAnim.speed = 1
58  end
59  function DividingEvilAR:Update()
60      self.targetAnim.speed = 1
61      if Input.GetMouseButtonUp(0) then --点击
62          self:OnClick()
63      end
64  end
65  function DividingEvilAR:OnDestroy()
66      LuaMsgSystem.RemoveMsg("lostTracking",DividingEvilAR.OnLostTracking)
67      if not Slua.IsNull(self.videoPlayer.target) then
68          GameObject.Destroy(self.videoPlayer.target)
69      end
70      if G_InstRef == self then
71          self.appLight:SetActive(true)
72      end
73  end
74  function DividingEvilAR:SetFX(enable) --设置特效播放与否
75      for t = 0 , self.fxs.Length-1 do
76          if enable == true then
77              self.fxs[t-1]:Play()
78          else
79              self.fxs[t-1]:Stop()
80          end
81      end
82  end
83  function DividingEvilAR:RegAnimEvent()
84      local clip2 = YangXun.AnimTools.GetClipByName(self.targetAnim,self.animClip2)
85      YangXun.AnimTools.AddEvent(clip2,self.targetAnim.gameObject,4,function()
86          if self.videoPlayer == nil then
87              self.videoPlayer = GameObjectEX.SearchChildW(self.target,'videoPlayer'):GetComponent(LuaComponentContentFix).ClassInst
88          end
89          self.videoPlayer:PlayVideo()
90      end)
91  end
```

③ 对点击事件的监听，在点击时调用对粒子特效、音效、动画的播放或切换。

接下来，将最后的"UI视频播放控制"单独分开来做定义，这样能确保整体逻辑上更加独立，不会对小恶魔模型的控制代码环节造成交叉影响。小恶魔的控制代码只需要引用这个对象，并在动画片段上注册动画事件来调用该对象的播放或停止函数即可。

UI视频的实现方式是，用一个单独的正交相机和一个单独的渲染层来播放和渲染，其中，视频纹理所在的面片的层和相机裁剪的层都设置为一个单独的层，并且相机背景清除模式设置为仅深度清除，相机本身的深度设置得比主相机高，那么透明视频就覆盖渲染到了AR画面上，因为是正交相机，从视觉上看，就像是在UI上播放视频。

小恶魔 AR 控制代码

```
代码段 01——小恶魔 AR 的逻辑
if not GameObject then
    import 'UnityEngine'
end
G_InstRef = G_InstRef or nil
DividingEvilAR = {}
function DividingEvilAR:new( luaWrapper )
    print(' 初始化 DividingEvilAR，该类实现恶魔的逻辑 ')
    local o = {}
    setmetatable(o,self)
    self.__index = self
    self.luaWrapper = luaWrapper
    self.target = luaWrapper.gameObject
    DividingEvilAR.Inst = o
    G_InstRef = self
    return o
end


function DividingEvilAR:Start()
    self.c = self.target:GetComponent('children')
    self.audioSrc = self.target:GetComponent(AudioSource)
    self.audioClip0 = self.c.array_children[1]
    self.audioClip1 = self.c.array_children[2]
    self.audioClip2 = self.c.array_children[3]
    self.targetAnim = self.target:GetComponent(Animator)
    self.animClip0 = 'Idle'
    self.animClip1 = 'One'
    self.animClip2 = 'Two'
    self.fxs = self.target:GetComponentsInChildren(ParticleSystem)
    self:SetFX(false)
    self.appLight = GameObject.Find('Light')
    if not Slua.IsNull(self.appLight) and Slua.IsNull(self.appLight.transform.
parent) then
            self.appLight:SetActive(false)
    end
    self.videoPlayer = GameObjectEX.SearchChildW(self.target,'videoPlayer'):Get
Component(LuaComponentContentFix).ClassInst
    self:RegAnimEvent()
    LuaMsgSystem.RegMsg("lostTracking",DividingEvilAR.OnLostTracking)
    self.audioSrc.clip = self.audioClip0
    self.audioSrc:Play()
    self:RemoveAppGesture()
end


function DividingEvilAR:OnEnable()
    self:SetFX(false)
    if not Slua.IsNull(self.appLight) and Slua.IsNull(self.appLight.transform.
parent) then
            self.appLight:SetActive(false)
    end
    self.targetAnim.speed = 1
```

```
    end

    function DividingEvilAR:Update()
        self.targetAnim.speed = 1
        if Input.GetMouseButtonUp(0) then
                self:OnClick()
        end
    end

    function DividingEvilAR:OnDestroy()
        LuaMsgSystem.RemoveMsg("lostTracking",DividingEvilAR.OnLostTracking)
        if not Slua.IsNull(self.videoPlayer.target) then
                GameObject.Destroy(self.videoPlayer.target)
        end
        if G_InstRef == self then
                self.appLight:SetActive(true)
        end
    end

    function DividingEvilAR:SetFX(enable)
        for t = 0 , self.fxs.Length-1 do
                if enable == true then
                        self.fxs[t+1]:Play()
                else
                        self.fxs[t+1]:Stop()
                end
        end
    end

    function DividingEvilAR:RegAnimEvent()
        local clip2 = YangXun.AnimTools.GetClipByName(self.targetAnim,self.
animClip2)
        YangXun.AnimTools.AddEvent(clip2,self.targetAnim.gameObject,4,function()
                if self.videoPlayer == nil then
                        self.videoPlayer = GameObjectEX.SearchChildW(self.target,'vi
deoPlayer'):GetComponent(LuaComponentContentFix).ClassInst
                end
                self.videoPlayer:PlayVideo()
        end)
    end

    function DividingEvilAR:OnClick()
        self.targetAnim.speed = 1
        self.targetAnim:Play(self.animClip2,0)
        self.audioSrc.clip = self.audioClip2
        self.audioSrc:Play()
        self:SetFX(true)
        if self.videoPlayer == nil then
                self.videoPlayer = GameObjectEX.SearchChildW(self.target,'videoPlaye
r'):GetComponent(LuaComponentContentFix).ClassInst
        end
        self.videoPlayer:StopVideo()
    end
```

```lua
function DividingEvilAR.OnLostTracking(msg)
    DividingEvilAR.Inst.targetAnim:Play(DividingEvilAR.Inst.animClip1,0)
    DividingEvilAR.Inst.audioSrc:Stop()
    DividingEvilAR.Inst:SetFX(false)
end
function DividingEvilAR:RemoveAppGesture()
    local appMoveGesture = self.target:GetComponentInParent('MoveControl')
    local appScaleGesture = self.target:GetComponentInParent('ZoomControl')
    local appRotateGesture = self.target:GetComponentInParent('RotateControl')
    if not Slua.IsNull(appMoveGesture) then
            GameObject.Destroy(appMoveGesture)
    end
    if not Slua.IsNull(appScaleGesture) then
            GameObject.Destroy(appScaleGesture)
    end
    if not Slua.IsNull(appRotateGesture) then
            GameObject.Destroy(appRotateGesture)
    end
end


return 'DividingEvilAR'
```

代码段 02-- 恶魔 AR 的 UI 视频播放

```lua
if not GameObject then
    import 'UnityEngine'
end
DividingEvilARVideo = {}
function DividingEvilARVideo:new( luaWrapper )
    print(' 初始化 DividingEvilARVideo, 该类实现恶魔中的视频播放的逻辑 ')
    local o = {}
    setmetatable(o,self)
    self.__index = self
    -- 成员
    self.luaWrapper = luaWrapper
    self.target = luaWrapper.gameObject --obj
    self.videoController = nil
    self.video = nil
    self.videoPath = Application.persistentDataPath .. "/DividingEvilArrow.mp4"
    self.videoPrefabPath = 'easyMovieTexture/alphaVideoPlayer'
    self.videoControllerName = 'AlphaVideoPlayer'
    self.videoLayer = 20
    self.cameraCullLayer = 1048576
    self.originParent = self.target.transform.parent.gameObject
    return o
end

function DividingEvilARVideo:Start()
    self.c = self.target:GetComponent('children')
    local bytes = self.c.array_children[1].bytes
    local CFile = Slua.GetClass('System.IO.File')
    CFile.WriteAllBytes(self.videoPath,bytes)
    self.target:GetComponent(Camera).cullingMask = self.cameraCullLayer
end
```

```lua
function DividingEvilARVideo:PlayVideo()
    if self.target.transform.parent.gameObject == self.originParent then
            self.target.transform:SetParent(self.target.transform.parent.parent.
parent)
            self.target.transform.localScale = Vector3(1,1,1)
    end
    if Slua.IsNull(self.video) then
            local videoPrefab = GameObject.Instantiate(Resources.Load(self.
videoPrefabPath))
            GameObjectEX.SetLayer(videoPrefab,self.videoLayer)
            videoPrefab.transform:SetParent(self.target.transform,false)
            videoPrefab.transform.localPosition = Vector3(0,0,50)
            videoPrefab.transform.localEulerAngles = Vector3(0,0,0)
            self.video = videoPrefab
            self.videoController = videoPrefab:GetComponentInChildren(self.
videoControllerName)
            self.videoController:SetFilePath(self.videoPath)
    end
    if not Slua.IsNull(self.videoController) then
            CoroutineWrapper.EXES(4,function()
                    print(self.videoController.GetCurrentState())
                    if not Slua.IsNull(self.video) and self.videoController.
GetCurrentState() ~= 3 then
                            self.videoController:SeekTo(0)
                            self.video:SetActive(false)
                    end
            end)
            self.video.transform.localScale = Vector3.zero
            self.videoController:SeekTo(0)
            self.video:SetActive(true)
            CoroutineWrapper.EXEF(3,function ()
                    if not Slua.IsNull(self.video) then
                            self.video.transform.localScale = Vector3.one
                    end
            end)
            self.videoController:Play(false,false)
    end
end
function DividingEvilARVideo:StopVideo()
    if not Slua.IsNull(self.videoController) then
            self.videoController:SeekTo(0)
            self.video:SetActive(false)
    end
end


return 'DividingEvilARVideo'
```

场景制作

在 Unity 里将代码部分编写完成后，还需要将代码和模型文件一起打包导出为
assetbundle 文件，并添加到一个 .zip 压缩包中，才能在后台上进行场景的制作。

```
BuildAssetsUI.cs
1  using UnityEngine;
2  using System.Collections;
3  using System.Collections.Generic;
4  using UnityEditor;
5  using System.IO;
6
7  public class BuildAssetsUI : EditorWindow {
8
9      Vector2 pos = Vector2.zero;
10     string outpath = "";
11     System.Enum target = BuildTarget.Android;
12     void OnGUI() {
13         titleContent = new GUIContent("BuildSelectObj");
14         GUILayout.Space(10);
15         GUILayout.Label("当前选中:" + Selection.gameObjects.Length);
16         GUILayout.Space(10);
17         pos = EditorGUILayout.BeginScrollView(pos);
18         var objs = Selection.gameObjects;
19         for (int i = 0; i < objs.Length; i++) {
20             if(i == 0)
21                 EditorGUILayout.LabelField("----------------------------------------");
22             EditorGUILayout.LabelField(objs[i].name);
23             EditorGUILayout.LabelField("    " + AssetDatabase.GetAssetPath(objs[i]));
24             EditorGUILayout.LabelField("----------------------------------------");
25         }
26         EditorGUILayout.EndScrollView();
27         if(GUILayout.Button("保存路径")){
28             outpath = EditorUtility.OpenFolderPanel("保存路径", Application.dataPath, "");
29         }
30         GUILayout.Space(10);
31         EditorGUILayout.SelectableLabel(outpath);
32         GUILayout.Space(10);
33         target = EditorGUILayout.EnumPopup(target);
34         GUILayout.Space(10);
35         if(GUILayout.Button("打包")){
36             if(objs.Length<=0){
```

assetbundle 文件导出代码示例如下:

可使用的 assetbundle 文件示例

针对 Unity 模板的场景制作，平台提供了一个专门的模板制作入口，目前不对普通注册用户开放。在"模板制作"页面，有一个隐藏的高级功能，叫作"Unity 模型模板"。

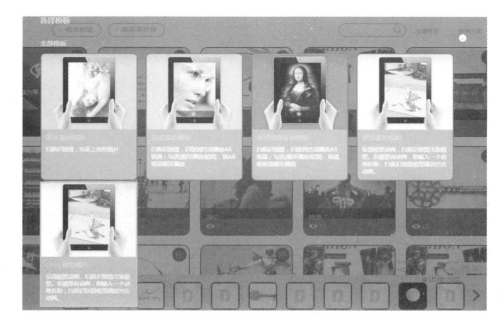

点击进入后，首先输入场景的相关信息：所属项目、场景名、识别图等内容。

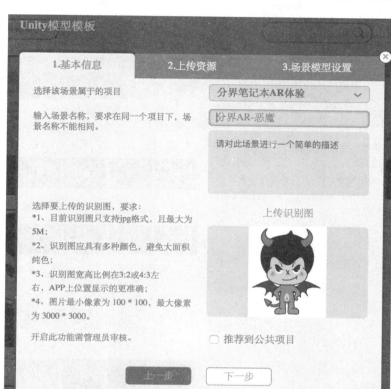

点击"下一步"按钮，将刚刚导出的包含 android.assetbundle 和 ios.assetbundle 两个文件的 .zip 压缩包作为模型压缩包上传到素材中。

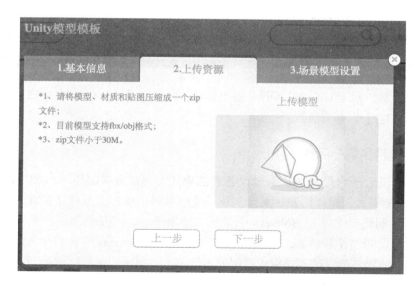

最后一步，微调模型和识别图的相对位置，并决定是否要开启"AR 模式功能"。截图中将 AR 模式功能设定为"识别丢失时"模型位于"屏幕中心"，这样即使不再扫描识别图，也能继续体验小恶魔的 AR 效果。

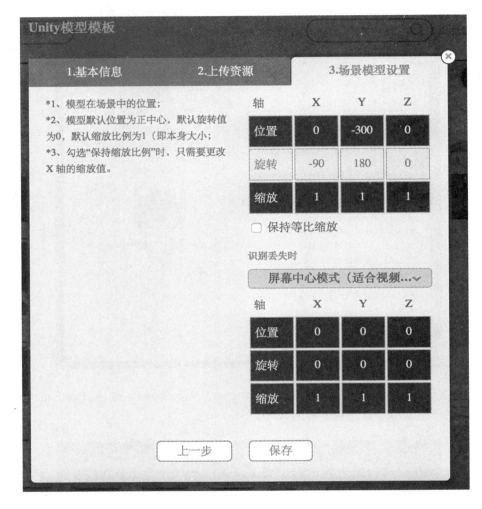

保存整个场景，基于 Unity 模板开发的小恶魔 AR 就完成了。在 APP 中扫描识别图，就可以看到整个交互过程。

5.2.3　AR 智能眼镜云平台

AR 智能眼镜云平台是将 MR 头显设备智能眼镜与 AR 云端制作平台相结合的全新应用，AR 平台功能强大、操作简便，支持多种类型的素材，具有上万种交互方式，可以快速将虚拟内容上传制作出来并在 Hololens 中显示。使用平台，零基础的用户都可以在 5 分钟之内完成 AR 场景的制作和体验，有效解决了完全基于 HoloLens 平台制作 AR 过程过于复杂、有一定基础的用户都很难独立完成制作的不足。

　　AR 智能眼镜云平台的登录账号和在 AR 云端制作平台上注册的是通用的，登录并进入 AR 云端制作平台应用后，可以选择"推荐项目"和"个人项目"中的场景进行查看，对场景中体现的素材可以进行旋转、缩放、编辑等操作，带有动画效果的模型可以选择播放效果，如果想将当前场景关闭，点击关闭按钮就可以轻松完成。AR 智能眼镜云平台还采用了 SLAM 技术，并且由于 AR 设备的视野中就是现实环境，可以将场景放置在视野内的任意位置。虽然目前平台仅支持模型动画播放的功能，但是随着应用的升级迭代，AR 云端制作平台中原有的种类丰富的 Actions 都会陆续登录 AR 智能眼镜云平台，供广大用户体验。

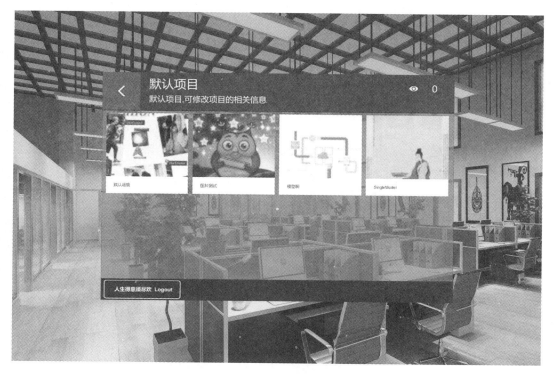

　　通过将 AR 平台接入智能头显设备 Hololens，实现了平台与眼镜的无缝对接，让体验者可以戴着眼镜进入 AR 世界。只要在 AR 云端制作平台后台上创建项目和场景并推荐至 HoloDreator 中，就能在 Hololens 上的 AR 云端制作平台 APP 中查看到，并使用 Hololens 特有的手势指挥实现对模型的移动、缩放和模型动画的播放。

如何在 AR 云端制作平台上制作基于 Hololens 的内容

登录 AR 云端制作平台，新建一个项目，输入项目信息和封面图，点击勾选"将项目推荐到 Hololens 平台的 DarCreator 上"的选项。

使用编辑器创建一个场景，输入场景信息和识别图，进入编辑器；选择素材上传，目前只支持"模型"的上传，因此，在下方选择模型类的素材文件，点击添加。

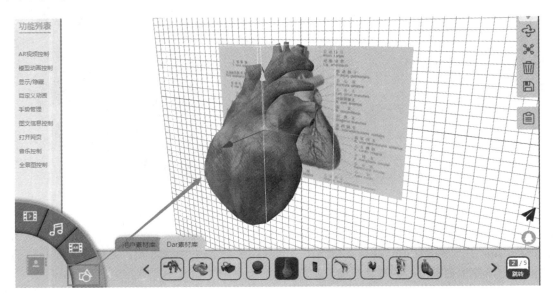

对于包含动画的模型，在右侧快速设置中勾选模型动画播放和循环，全部设置完成后，点击保存场景。

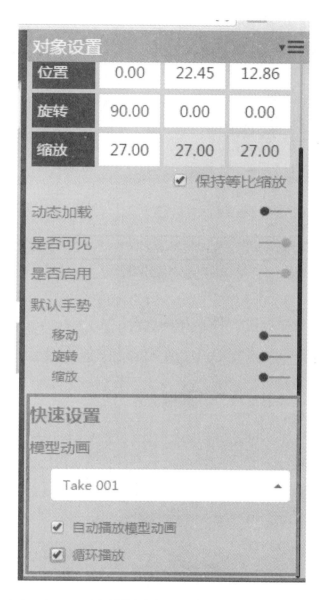

带上 Hololens，打开 AR 云端制作平台 APP，登录即可查看到刚刚建好的项目和场景。

5.2.4　AR 智能眼镜云平台案例制作

登录 AR 云端制作平台，新建一个项目，输入项目信息和封面图，点击勾选"将项目推荐到 Hololens 平台的 DarCreator 上"的选项。

使用编辑器创建一个场景，输入场景信息和识别图，进入编辑器；选择素材上传，上传"模型"，点击添加。

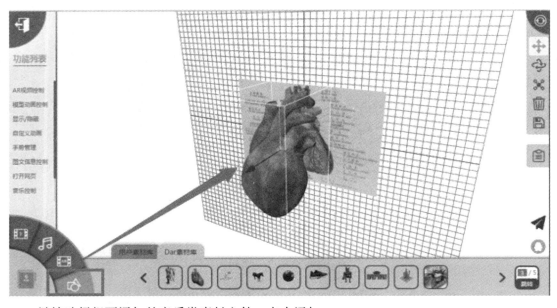

继续选择想要添加的音乐类素材文件，点击添加。

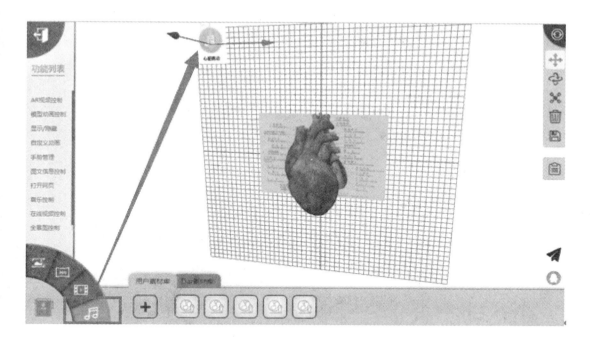

接下来进行"播放模型动画"和"播放音频"的功能交互设置，在左侧功能列表中，选择"模型动画控制"功能。

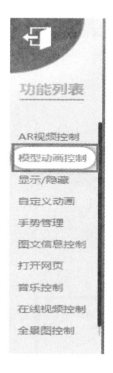

按照提示要求，进行各项设置，点击"完成"进行保存。

模型动画控制

功能名称

播放心脏跳动的动画效果

功能设置

| 心脏 ▼ | 播放 ▼ | 模型的动画名称▼ | ☐ 循环播放 |

您想何时触发此功能？

扫描识别到 ▲

取消　　　　完成

继续在功能列表中选择"音乐控制"功能。

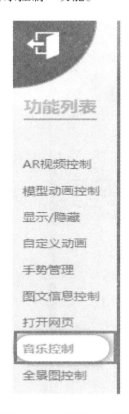

功能列表

AR视频控制
模型动画控制
显示/隐藏
自定义动画
手势管理
图文信息控制
打开网页
音乐控制
全景图控制

按照提示要求，进行各项设置，点击"完成"进行保存。

带上 Hololens，打开 AR 云端制作平台 APP，登录即可查看到刚刚建好的项目和场景。

5.3　行业应用案例概述

通过对编辑器案例和高级功能应用的说明，大家应该对 AR 云端制作平台可以做什么、会产生什么样的效果有了一定程度的理解，但是也会产生一个新的疑问：这些 AR 场景到底有什么用处呢？或者说，使用 AR 技术可以为各行各业创造什么价值呢？总的来说，AR 云端制作平台的核心价值主要体现在四个（职业）方面，分别是：提高销售业绩、提升品牌知名度、增强艺术表现力和变革教育认知方式。本节为大家详细地阐述这四个方面的具体体现和实现方式。

5.3.1　提高销售业绩

销售业绩是各行业最为重视、也是最为直观的业绩指标之一，通过使用 AR 云端制作平台来制作符合行业特性的 AR 场景，将传统销售资料和产品打造成虚拟多媒体与纸质化内容融合、互动的模式，并依据市场痛点实时快速地在线更新，就可以为消费者提供多样化的体验，从而吸引更多的兴趣用户，大幅度促进销售效率。

典型应用①——"龙湖一号"房地产户型展示

使用手机扫描宣传册上的户型图，即可查看到当前户型的模型、内景装饰，足不出户就能看到未来的"家"的样子。使用 AR 云端制作平台为楼盘的内部户型建立 AR，销售人员介绍户型时就可以使用带 AR 效果的宣传画册，让用户立体地看到兴趣户型，极大地提升了看房 / 售房效率。

典型应用②——广州东塔

广州东塔位于珠江新城 CBD 中心地段，利用 AR 云端制作平台创建东塔的模型 AR，扫描即可看到立体模型，让世界各地的品牌商户都能直观地看到东塔极具科技感的建筑风格，了解塔内整体环境、商业氛围，为招商引资提供新的生机。

5.3.2　提升品牌知名度

借助 AR 云端制作平台制作的 AR 场景，贴合品牌内涵、联系时下热点的大型互动类活动将完美灵动地诠释品牌概念，迅速吸引用户目光、激发关注度，并借由体验者的口碑相传，促进品牌知名度的爆发式扩散，帮助企业快速有效地开拓市场，同时也可以用更直观、更高效、更具科技感的方式传播企业文化，进一步巩固产品的品牌力量。

典型应用①——澳大利亚麦当劳"汉堡包 AR"

澳大利亚麦当劳推出这款基于 AR 技术的 App(下载地址限澳大利亚地区购买)，展现食材的来源、生成过程，同时还介绍了制作师傅、农场师傅等信息，以丰富的动画向用户展示食物背后的故事。

典型应用②——肯德基"圣诞魔法套餐"

2016 年肯德基圣诞节推出了"圣诞魔法套餐"活动，通过扫描桶盖画面可以召唤出 3 个可爱的魔法精灵，让它们在欢乐的圣诞音乐下舞动。它们可以脱离扫描图案被放到任何环境中，而你也能调节它们的大小和位置。APP 自带拍照和分享功能，还能与这些可爱的精灵合影，无论是自拍还是拍别人，都是趣味盎然。

5.3.3 增强艺术表现力

AR 技术可以实现真实与虚拟的交替、视觉和感官的交融，利用 AR 云端制作平台制作的 AR 场景颠覆了传统的展示方式，将 AR 融入艺术中，给传统艺术作品带来了新的光彩。AR 丰富多样的表现形式让体验者在身临其境的同时，也能深入地了解艺术品背后的历史故事、人文情怀，为广大受众的 AR+ 艺术之旅增添更丰富多彩的精神享受。

典型应用 ①——ARART

也许觉得世界名画里的主人公、物品历经百年岁月太无聊，几名日本艺术家突发奇想，借助 AR 技术共同开发了一款可以让世界名画动起来的 APP——ARART。通过它，我们可以看到蒙娜丽莎卖萌，梵高的向日葵在阳光下跳探戈。软件操作很简单，找几幅名画，进入 ARART 启动摄像头，将其对准名画，不一会儿你就可以看到画中人 / 物"动"起来了。

　　此外，ARART 还有模仿留声机的功能，比如当你把摄像头对准一张黑胶唱片，软件就能让封面像黑胶唱机一般旋转起来。同时，一阵悠扬的音乐也随之冲击着你的耳膜。

典型应用②——遇见达·芬奇 AR 解谜艺术展

　　北京嘉里中心商场在和九零的合作中采用了时下流行的 AR 技术，通过九零 APP 首页下滑扫一扫功能，可以让扫描的特定图片动起来，为观看者提供信息片段。除此之外，北京嘉里中心商场还将解开谜题的关键线索隐藏在了现场的 11 幅画作中。集齐所有隐藏在画作内的碎片才算通关，参加者通过向北京嘉里中心商场公众号发送关键字和正确答案获取谜题。

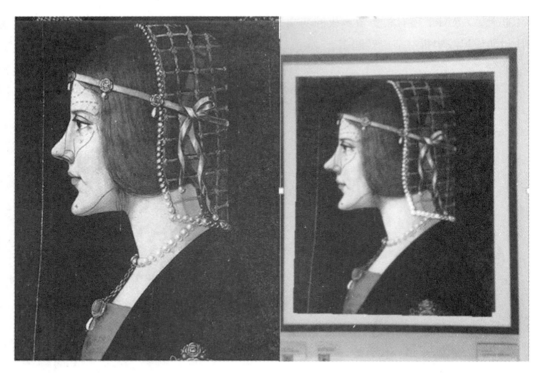

5.3.4 变革教育认知方式

AR 技术与教育行业的结合革新了现有的学习认知方式。以智能教育为主旨的 Smart-Education AR 方案，为教育工作者提供更灵活的学科展现形式，帮助学生建立深度的学习氛围，巩固和加深对概念点的理解，拓展对事物认知的宽度和广度，真正实现情景相辅，寓教于乐，让学习成为一种高效、有趣的事情。

典型应用①——Pearson Learn

Pearson Learn 是培生香港推出的一款 AR 教学产品，扫描课本会出现对应的数学教学视频和模型动画，点击相应的按钮可完成 AR 教学体验。由于课本内容匹配问题，目前此款产品仅限于港澳等地区使用。

典型应用②——必胜客《科学跑出来》系列 AR 图书

从 2016 年 11 月 1 日起，必胜客餐厅为每一位到店点购"恐龙复活了"儿童套餐的孩子精心准备了一份"让人尖叫"的礼物——《科学跑出来系列》AR 增强现实科普书。从恐龙的破壳而出到双龙的争霸体验，从孩子自己的小宇宙到操控探测车完成火星救援，每一位在必胜客享用"恐龙复活了"套餐的孩子将体验到最有趣的 AR 阅读之旅。

5.4　章后小结

本章详细介绍了 AR 云端制作平台编辑器、Unity 模板和 AR 智能眼镜云平台的案例制作，对于普通用户来说，相较于后两种高级功能，制作 AR 场景应用最多的还是编辑器功能，所以本章特意选取了 8 项不同行业、不同应用案例的制作过程和效果进行了直观的展示，务必使大家对编辑器制作场景的步骤和效果进行充分的了解，也为日后自行制作 AR 场景提供一定的思路。

巩固训练：

① 根据 5.1 节中介绍的 8 项案例，挑选一个主题制作 AR 场景。

② 使用 Unity 模板制作一个 AR 场景。

③ 什么是 AR 智能眼镜云平台？

④ 根据 AR 云端制作平台可以产生的商业价值，为某一特定品牌定制一款 AR 解决方案。

AR 接口扩展

6.1 在线 XunAPI 的接口标准

6.1.1 什么是在线 XunAPI

为了提高 AR 云端制作平台在展示 AR 内容、效果与逻辑上的可扩展性，在云平台能够做出一些通过现有平台的交互功能架构难以实现的功能并在 APP 上线以后，通过上传交互代码来实现应用程序上的内容动态更新，以便开发者可以将自由编写的脚本通过 XunAPI 上传到 AR 云端制作平台并在应用程序中得到实现。

这一组编程接口目前包含的功能并不多，但我们会逐步完善用户代码的权限控制，所以强烈建议使用 API 中提供的方法实现功能，这样做有如下好处：接口是长期保持稳定的，代码在应用版本升级时可以保持可移植性，而强耦合到某个应用版本的代码则可能在应用更新后发生错误，特别是有关 UI 的操作部分；同时，接口可以保证在以后加入权限控制时，用户的调用是有权限执行的。

6.1.2 XunAPI 提供的接口

目前我们给开发者提供了：

① 字符串操作，判断字符串是否以某个子串开始或结尾。

② 文件操作，判断文件和目录是否存在，创建目录。

③ AR 界面封装和实现代码隔离，包括：控件显示控制、截屏、录屏、打开原生相册、重载项目。

④ 创建和清除具有 mono 生命周期的 XunAPI 对象。

⑤ U3D 游戏对象生命周期事件的 lua 接口，可手动注册调用和按 U3D 中引擎调用的命名来自动调用。

⑥ mono 对象的互访问能力。

⑦ AR 对象管理，包括 查找 AR 对象，查找识别图代理对象，添加识别图代理对象，得到 AR 对象的根节点。

⑧ 全局灯光设置，启用或禁用全局灯光。

⑨ 消息工具，可在 XunAPI 层面发送和关注应用的全局消息。

6.1.3 XunAPI 的使用方法

目前，XunAPI 接口只对平台的专业账号用户开放，但未来这项功能将面向更多用户开放使用。

XunAPI 的添加入口在三维编辑器中。进入编辑器后，在"场景信息"板块的最下方能看到"Xun API 管理"的标识，右边的"+"号表示可添加新的 API 代码。

点击"+"号，将写好的代码复制粘贴到文本输入框，并填入名字表示代码所代表的交互功能，保存。

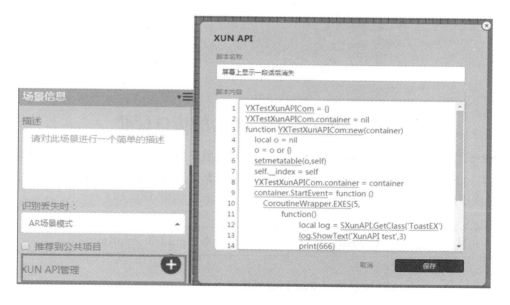

已添加的交互功能将以列表的形式出现在"Xun API 管理"的下方，可进行修改编辑和删除操作。

Xun API 接口允许添加多个交互定义，按照上述步骤添加即可。

完成交互的定义后，保存场景，通过配套的应用程序扫描场景识别图，就可以体验到由你亲自编写的程序脚本带来的交互效果。

代码示例

```
YXTestXunAPICom = {}
YXTestXunAPICom.container = nil
function YXTestXunAPICom:new(container)
    local o = nil
    o = o or {}
    setmetatable(o,self)
    self.__index = self
    YXTestXunAPICom.container = container
    container.StartEvent= function ()
        CoroutineWrapper.EXES(5,
            function()
                    local log = SXunAPI.GetClass('ToastEX')
                    log.ShowText('XunAPI test',3)
                    print(666)
            end
        )
    end
    return o
end
return 'YXTestXunAPICom'
```

6.2 AR 云端制作平台的接口标准

AR 云端制作平台的 OpenAPI 主要为第三方开发用户提供自定义的管理接口，使其可以自行实现 AR 云端制作平台项目、场景和素材的增删改查。用户可以用此实现在已有平台上开发出项目和场景的管理功能。

 在使用之前，需要去 AR 云端制作平台申请一个 AppId 和 AppKey。

请求规范：所有 API 接口都以 RESTful 风格进行操作。

6.2.1 授权验证

为了通过 API 授权，需要发送验证数据。

请求参数如下：

参数名称	格式	约束	备注
appId	string	必填	AppId.DarCreator 平台申请获取
ak	string	必填	授权 Key，算法为 ak=md5(appKey+at).appKey，需要和 appId 一起在 AR 云端制作平台申请获取
at	integer	必填，时间戳	验证时间戳，系统当前时间戳

此三个参数放入 GET 参数皆可。

6.2.2　一些请求头说明

① Accept 如果设置为"application/xml"，将会以 XML 格式返回数据。设置为"application/json"，将会以 JSON 格式返回数据，默认为 JSON。

② Accept-Language 如果设置为"en-US"，消息说明将以英语返回，否则返回中文，默认为中文。

6.2.3　统一的分页 | 排序 | 过滤搜索功能处理

信息获取类接口通过 GET 方式请求。此类接口会提供信息列表的分页 | 排序 | 过滤搜索功能。使用方式为在请求 URL 后面增加 GET 参数。不同功能不同参数如下所示：

① 分页

get 参数	名称	约束	格式	功能
per-page	每页数量	可为空 / 默认 20	int	决定此次访问最多获取的信息列表数量
page	第几页页码	可为空 / 默认 1	int	决定此次访问第几页的数据

② 排序

get 参数	名称	约束	格式	功能
sort	排序字段	可为空 / 默认按信息 Id 升序	string	如果需要按某字段升序排，值为字段名称。如果需要降序，在字段名称前加 "-" 即可

③ 过滤搜索

get 参数	名称	约束	格式	功能
某字段名称	欲搜索字段	不为空	取决于字段格式	字段输入值 / 所有该字段值类似于该输入值的信息都会返回

④ 返回格式

信息获取类接口在返回的 data 字段中，如下所示：

```
{
        "code": 200,
        "data": {
            "_links": {
                "prev": "", // 上一页的 URL，可能为空
                "self" : "", // 本页的 URL
                "next" : "", // 下一页的 URL，可能为空
                "last" : "", // 最后一页的 URL ，如果本身处于第一页，无该字段
                "first" : "", // 第一页的 URL，如果本身处于最后一页，无该字段
```

```
        },
        "_meta": {
                "currentPage" : 1,         // 当前的页码
                "pageCount" :  1,          // 一共有多少页的数据
                "perPage" :  10,           // 每一页有多少数据
                "totalCount" :   6,        // 一共有多少数据
        },
        "items": []                        // 详细的数据列表
    }
}
```

6.2.4　接口返回值规范

JSON 格式如下：

```
{
        "code" : 200, // 返回码
        "message" : "", // 消息说明
        "data" : {}// 数据
}
```

code 为 200 说明请求成功。非 200 说明请求失败，具体失败原因可查看 message 字段。当请求有返回数据时，数据在 data 字段中。

6.3　项目增删改查接口说明

6.3.1　上传项目封面图

① 请求方法：POST。

② 请求 URL：https://api.darcreator.com/open/v1/project/cover-picture。

③ 请求数据参数：

参数名称	格式	约束	备注
coverPicture	file	jpg 格式，最大 5MB，长宽最短 100 像素，最大 3000 像素。必填	项目封面图

 使用 multipart/form-data 编码提交数据。

④ 返回数据及格式：

```
{
        "filename":"abcdef.jpg",// 项目封面图名称，添加项目时需要提交。
}
```

⑤ 可能的返回 code:

code	data 数据格式	说明
200	如上所述	上传成功
10101	null	请求方法错误
10102	null	上传的封面图验证失败，不符合规范。错误信息查看 message 字段

6.3.2 增加一个项目

① 请求方法：POST。

② 请求 URL：https://api.darcreator.com/open/v1/projects。

③ 请求数据参数：

参数名称	格式	约束	备注
name	string	长度 2~32 位。必填	项目名称
description	string	长度 0~255。可为空	项目描述
coverPicture	string	第一个接口返回的封面图名称。必填	项目封面图
status	int	0 为禁用，1 为启用，10 为禁用时冻结，11 为启用时冻结。可为空，默认 1	项目状态
public	int	只能为 0 或 1,0 为私有，1 为公有。可为空，默认 1	项目是否公开
appTrackingMode	string	只能为"cloud"或"native"，"cloud"为开启云识别，"native"为开启本地识别。可为空，默认"native"	APP 使用的识别模式
functionType	string	功能类型，目前只支持"default"，即基本 AR 场景。可为空，默认"default"	项目功能类型（注意：不是所有开放账号都能使用）
sdkType	string	所用 SDK 类型，目前只支持"vuforia"，即将支持"darsdk"。可为空，默认"vuforia"	为实现上述功能类型所用的 SDK（注意：不是所有开放账号都能使用）
shareToPublicProject	int	只能为 0 或 1，0 为关闭分享到公共项目，1 为开启分享到公共项目。可为空，默认 0	项目封面图在公共项目中能否扫描
tags	string	每个标签之间用","（英文半角字符）隔开。可为空	项目标签

④ 返回数据及格式：

```
{
    "id": 1234,
        "uniqid":"abcdef",// 项目唯一编码，删除修改，查询时需要使用。
        "name":"",
        "description":"",
        "coverPicture":"URL",
        "status": 1,
```

```
        "public":1,
        "appTrackingMode":"native",
        "functionType": "default",
        "sdkType": "vuforia",
        "shareToPublicProject":0,
        "tags":["tag1","tag2"],
        "defaultScene":123,
        "defaultSceneType":123,
        "projectEvents": {
                json
        }
    }
```

⑤ 可能的返回 code：

code	data 数据格式	说明
200	如上所述	当前已添加的项目信息
10301	null	提交的封面图名称 (coverPicture) 不存在
10302	null	添加标签失败
10303	null	提交数据无效

6.3.3 修改一个项目

① 请求方法：PUT。

② 请求 URL：https://api.darcreator.com/open/v1/projects/{uniqid}。

③ 请求数据参数 (所有参数皆选填)：

参数名称	格式	约束	备注
name	string	长度 2~32 位	项目名称
description	string	长度 0~255	项目描述
coverPicture	string	第一个接口返回的封面图名称	项目封面图
status	int	0 为禁用，1 为启用，10 为禁用时冻结，11 为启用时冻结	项目状态
public	int	只能是 0 或 1，0 为私有，1 为共有	项目是否公开
appTrackingMode	string	只能为 "cloud" 或 "native"，"cloud" 为开启云识别，"native" 为开启本地识别	APP 使用的识别模式
functionType	string	功能类型，目前只支持 "default"，即基本 AR 场景	项目功能类型 (注意：不是所有开放账号都能使用)
sdkType	string	所用 SDK 类型	为实现上诉功能类型所用的 SDK(注意：不是所有开放账号都能使用)
shareToPublicProject	int	只能是 0 或 1，0 为关闭分享到公共项目，1 为开启分享到公共项目	项目封面图在公共项目中能否扫描
tags	string	每个标签之间用 "," (英文半角字符) 隔开。可为空	项目标签
refresh	int	值为 1 或者任何其他值，不为空即意味着刷新	是否刷新项目资源包

（续）

参数名称	格式	约束	备注
defaultScene	int	默认场景的 Id 值，当为 0 时，取消项目的默认场景	
projectEvents	string（JSON）	JSON 格式查看 http://192.168.0.22:8090/pages/viewpage. action?pageId=3244115	

需要修改封面图时，必须使用接口 1 上传封面图，再将接口 1 返回的名称提交即可。不需要修改的字段可以不提交，直接为空。想删除某个标签时，提交需要保留的标签，想删除所有标签时，提交一个空字符串即可。

④ 返回数据及格式：

code	data 数据格式	说明
200	null	修改成功
10401	null	项目不存在
10402	null	提交的封面图名称不存在
10403	null	标签处理失败
10404	null	数据验证失败
10405	null	项目事件为空

6.3.4　删除项目

① 请求方法：DELETE。

② 请求 URL：https://api.darcreator.com/open/v1/projects/{uniqid}。

③ 请求路径参数：

参数名称	格式	约束	备注
uniqid	string		项目编号 Id

④ 返回数据及格式：

code	data 数据格式	说明
200	null	删除成功
10501	null	项目不存在
10502	null	删除失败

6.3.5　查询项目信息

① 请求方法：GET。

② 请求 URL：https://api.darcreator.com/open/v1/projects/{uniqid}。

③ 请求路径参数：

参数名称	格式	约束	备注
uniqid	string		项目编号 Id

④ 返回数据及格式：

```
{
        "uniqid":"abcdef",
        "name":"",
        "description":"",
        "coverPicture":"URL",
        "public":1,
        "appTrackingMode":"native",
        "shareToPublicProject":0,
        "tags":["tag1","tag2"]
}
```

⑤ 可能的返回 code：

code	data 数据格式	说明
200	如上所示	查询成功
10601	null	项目不存在

6.3.6 获取自己所有的项目列表

① 请求方法：GET。

② 请求 URL：https://api.darcreator.com/open/v1/projects。

③ 请求参数：无。

④ 返回数据及格式：

```
{
        "code":200,
        "data":{
                "_links": {
                        "prev": "", // 上一页的 URL，可能为空
                        "self" : "", // 本页的 URL
                        "next" : "", // 下一页的 URL，可能为空
                        "last" : "", // 最后一页的 URL ，如果本身处于第一页，无该字段
                        "first" : "", // 第一页的 URL，如果本身处于最后一页，无该字段
                },
                "_meta": {
                        "currentPage" : 1,  // 当前的页码
                        "pageCount" : 1,  // 一共有多少页的数据
                        "perPage" : 10,  // 每一页有多少数据
                        "totalCount" :  6, // 一共有多少数据
                },
                "items": [
                        {格式和第四个接口一致},
                        {},……
                ]
        }
}
```

⑤ 可能的返回 code：

code	data 数据格式	说明
200	见上方	

6.4　场景增删改查接口说明

6.4.1　增加场景

① 请求方法：POST。

② 请求 URL：https://api.darcreator.com/open/v1/scenes。

③ 请求数据参数：

参数名称	格式	约束	备注
scene	string（JSON）	必填	场景及功能描述

④ 返回数据及格式：

code	data 数据格式	说明
10801	null	提交数据异常
10802	null	项目不存在
10803	null	保存失败

6.4.2　修改场景

① 请求方法：PUT。

② 请求 URL：https://api.darcreator.com/open/v1/scenes/{sceneId}。

③ 请求数据参数：

参数名称	格式	约束	备注
scene	string（JSON）	必填	场景及功能描述，JSON 格式可查看第 9 个接口所示
status	int	0 为禁用，1 为启用	项目状态

④ 返回数据及格式：

code	data 数据格式	说明
10901	null	提交数据异常
10902	null	项目不存在
10901	null	场景不存在

6.4.3　删除场景

① 请求方法：DELETE。

② 请求 URL：https://api.darcreator.com/open/v1/scenes/{sceneId}。

③ 请求数据参数：

参数名称	格式	约束	备注
sceneId	int	必填	将来会改成 uniqid

④ 返回数据及格式：

code	说明
11001	sceneId 不存在
11002	删除失败

6.4.4　查询场景

① 请求方法：GET。

② 请求 URL：https://api.darcreator.com/open/v1/scenes/{sceneId}。

③ 请求数据参数：

参数名称	格式	约束	备注
sceneId	int	必填	将来会改成 uniqid

④ 返回数据及格式：

code	data 数据格式	说明
200	JSON	格式结构和第 9 个接口一致
11101	null	场景不存在

6.5　素材信息增删接口说明

6.5.1　增加素材

① 请求方法：POST。

② 请求 URL：https://api.darcreator.com/open/v1/assets。

③ 请求数据参数：

参数名称	格式	约束	备注
title	sring	1~42 位长度，必填	素材名称
type	string	必填	素材类型。可能值 (marker/image/video/alphaVideo/model/onlineVideo/html/panorama/sound)

(续)

参数名称	格式	约束	备注
size	int		素材大小
suffix	string		原始格式后缀
typical	string(JSON)		不同类型特有的数据信息
marker	file	文件。当 type=marker 时，必填	识别图文件
sdkType	string	当 type=marker 时，必填。目前只支持"vuforia"，即将支持"darsdk"	SDK 类型
callback	string(URL)	当 type=marker 时，必填	回调地址，用来接受处理后的识别图

 当增加识别图时，需要使用 multipart/form-data 编码提交数据。

④ 返回数据及格式：

```
{
    "id": 12,
    "assetId": 34,
    "identify": "abcdefghijklmn"
}
```

code	data 数据格式	说明
200	如上所述	提交成功
11201	null	callback 参数为空，当 type=marker 时
11202	null	识别图不符合规范，当 type=marker 时
11203	null	识别图处理失败，当 type=marker 时
11204	null	识别图处理消息发送失败，当 type=marker 时
11205	null	查看 message 字段

⑤ 使用者的 callback 回调

 以下为合作平台需要接受的数据接口，可使用传来的认证参数验证请求是否来自 AR 平台。算法为：ak=md5(appkey+at)。

接受方法：POST。

请求 URL：callback?at=1479733071&ak=080222c511a58898a80d005fa90002e1。

接受参数：

参数名称	格式	约束	备注
id	sring		素材 identify
marker	file	文件	处理后的识别图文件
quality	int	0~5。越大越好	识别质量等级

6.5.2　删除素材

① 请求方法：DELETE。

② 请求 URL：https://api.darcreator.com/open/v1/assets/{assetId}。

③ 请求数据参数：暂无。

④ 返回数据及格式：

code	data 数据格式	说明
200	null	删除成功
11301	null	素材不存在
11304	null	删除失败

平台未来特性

7.1　开放的编辑器 API 接口

　　AR 云端制作平台目前已对用户开放 XunAPI 接口和制作平台的 API 接口，以满足用户对 AR 交互功能和平台接入的开发需求。未来，制作平台将开放编辑器的 API 接口，让用户可以实现对编辑器功能的定义开发。

　　编辑器 API 接口的引入将为制作平台添加编辑器插件系统，这意味着：开发者引用平台提供的操作接口，就可以通过代码编程的形式为三维编辑器（整体）开发全新的功能，来实现开发者个人或企业对编辑器的使用需求。

　　比如，有文创类企业需要在现有的编辑器上新增"交互复制"这一功能，那么编辑相应的代码并导入到编辑器内，即可在使用过程中使用"交互复制"功能，将一个场景下的交互内容复制到其他场景中去，实现批量化制作。

7.2　实时远程协同模式

　　现实生活中经常会遇到需要远程指导的场景，从"教老人使用电子设备"类日常情景，到工业实施现场的设备使用、维护类大型情景，都需要通过视频、语音、文字等形式的频繁交流来完成指导沟通，其中会消耗大量的人力、时间成本。这时，需要可以直接在屏幕显示的目标 / 图片上进行比划操作（圈图、文字等），同时屏幕对话另一边的人能够实时看到这些内容，从而实现"实时远程协同"的目的。

　　这将是 AR 云端制作平台未来会引入的特性功能之一：通过在平台上搭建添加了实时远程协助的 AR 场景，在手机的展示过程中，实现两端用户的屏幕对接与共享，并允许在镜头锁定的目标上指出对方需要了解的细节进行操作指引，来达到解决沟通困扰、降低成本的目的。

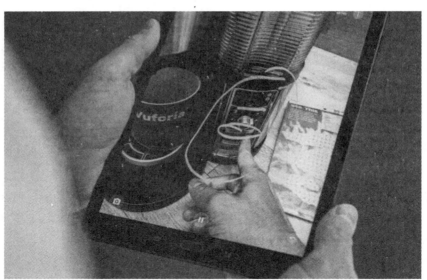

　　比如在施工现场的工程人员用手机摄像头对准仪器设备，设备销售方就能在自己的手机屏幕上看到仪器图片，并在图片画面上画出仪器的操作控制键或操作须知，对方按照提示直接操作，就能掌握仪器的用法，为施工方和销售方都节省了大量的沟通成本消耗。

　　在未来，实时远程协同模式还将和云大数据检索服务融合起来，实现精准的目标识别功能：只要将摄像头对准目标设备，就能自动从云数据库中检索到该目标的基本信息，从而呈现在屏幕上方，供用户使用；AR 云端制作平台的接入，能够快速地搭建出待检索的云数据库，并为企业与个人用户提供自由编辑与即时管理的服务。

推荐阅读

计算机视觉：模型、学习和推理

作者：Simon J. D. Prince 译者：苗启广 等 ISBN：978-7-111-51682-8 定价：119.00元

计算机与机器视觉：理论、算法与实践（英文版·第4版）

作者：E. R. Davies ISBN：978-7-111-41232-8 定价：128.00元

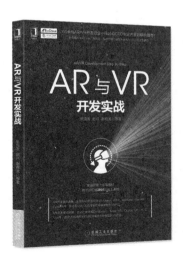

AR与VR开发实战

作者：张克发 等 ISBN：978-7-111-55330-4 定价：69.00元

VR/AR/MR开发实战——基于Unity与UE4引擎

作者：刘向群 等 ISBN：978-7-111-56326-6 定价：129.00元

Unity着色器和屏幕特效

作者：James Louis Dean ISBN：978-7-111-57041-7 定价：49.00元

After Effects影视动画特效及栏目包装200+

作者：王红卫 等编著 ISBN：978-7-111-53523-2 定价：79.00元

Unity3D网络游戏实战

作者：罗培羽 著 ISBN：978-7-111-54996-3 定价：79.00元

3D打印建模：Autodesk Meshmixer实用基础教程

作者：陈启成 编著 ISBN：978-7-111-53864-6 定价：59.00元